U0299155

MICRO DESIGN
COGNITIVE THEORY OF CREATION

微设计
造物认知论

高

凤

麟

著

华中科技大学出版社
http://www.hustp.com
中国·武汉

图书在版编目（CIP）数据

微设计：造物认知论／高凤麟著. —武汉：华中科技大学出版社，2019.8
ISBN 978-7-5680-3520-0

Ⅰ.①微… Ⅱ.①高… Ⅲ.①设计－思维方法 Ⅳ.①TB21

中国版本图书馆CIP数据核字（2019）第085715号

微设计：造物认知论
WEISHEJI: ZAOWU RENZHILUN

高凤麟　著

出版发行：华中科技大学出版社（中国·武汉）　　　　电话：(027) 81321913
　　　　　武汉市东湖新技术开发区华工科技园　　　　邮编：430223

策划编辑：王　娜　　　　　　　　　　　　　　　　美术编辑：王　娜
责任编辑：王　娜　　　　　　　　　　　　　　　　责任监印：朱　玢

印　　刷：武汉精一佳印刷有限公司
开　　本：710 mm×1000 mm　1/16
印　　张：20
字　　数：260千字
版　　次：2019年8月 第1版 第1次印刷
定　　价：99.00元

投稿热线：wangn@hustp.com
本书若有印装质量问题，请向出版社营销中心调换
全国免费服务热线：400-6679-118 竭诚为您服务

夫尽小者大，积微成著，德至者色泽洽，行尽而声问远。

——荀子

"微"字最早出现在甲骨文中，其含义为：老人拄杖缓行，用以形容老年人微颤的形象。现代汉语中则理解为：体量上之细小，程度上之轻弱与表象上之隐约不明。微设计，以中国传统的哲学观看待人、物、环境三者和谐统一的关系。人之于物微小的改变以求其精，从而创造万物共生平衡之自然状态。物被人感知的程度依据人的内心不断发生变化；由物所构成的环境，最终以整体效果作用于人。于是我们开始将物与人置于整体环境中重新思考，并试图找到三者和谐共生的最佳平衡点。以精微细小的方式善待物且改变物，以此达到对整体环境最小的破坏，这是微设计希望传达的设计理念，并以此微小力量酝酿巨大的改变。

——高凤麟

书 评

BOOK REVIEW

知微见著就是观察到事情的细节，就能知道它的实质和发展趋势。在设计界有一句名言："上帝在细节之中。"微设计就是如此。高凤麟的《微设计》一书正是从设计的细节出发，探索设计之微妙。本书以大量的设计实例将设计师对人们生活的细微观察转换成了精美的设计，值得细细地欣赏和品味！

——湖南大学教授、德国红点设计奖评委　何人可

在设计的大千世界中，正是微小而极致的点，构成了线与面，构成了设计的大宇宙空间。在每一个"微"的深处，都潜伏着推动人类前进的巨大动力。"微设计"关注生活中细微的需求，在微小之中智慧地解决一个个关乎民生的具体问题。微，而非微……

——中国国际海报双年展主席　王雪青

这是一本"烧脑"的书，读完才识此书妙之所在，有如透雕套叠的象牙球："微设计"是外球，"造物认知论"是内球。它驱使你不停地切换路径、转动、思索，透过外球的一个个孔洞，去触识、去探取那个内球的慧光与能量。感佩此书匠心独具的文构，从内容到形式，竟能如此契合地呈现设计者的日常思考和探求钻研，启迪围绕人类造物的设计批评与思考。

——中国美术学院教授、日本感性工学学会会员　陈晓蕙

真正优美的设计应通过外观即可让人感知到其商品性能，简洁且方便使用。本书讲述了大量关于设计的哲学性思考，相信会拨动很多读者的心弦。希望更多关心工业设计的人们能够阅读此书，这也是我最朴素且最真诚的愿望。

　　　　　　　　　——日本新 COSMOS 电机株式会社副社长　松原义幸

微设计理念非常了不起！它同时考量人、物、环境三者的关系，在设计时运用整体论，创建和谐而统一的产品，使其卓尔不凡。本书中关注的"微"让这些作品独一无二，带给消费者更多的能量、更高的舒适度和更佳的体验。

　　　　　　　　　——德国劳尔色彩全球负责人　Markus Frentrop

新一轮的消费升级使得用户的消费需求和消费心理发生了巨大的变化，对"产品"的定义更加丰富和个性化，用户已经不仅是单纯地消费产品，更是在消费企业的综合能力。如何通过细微之处发掘用户差异化的新需求，如何通过精准和细小的产品迭代带来更好的用户体验，"微设计"不只是一套设计的思考方法，还为企业提供了一套用户需求洞察和产品创新研发的方法论，也为大规模定制模式的践行提供了新的思路。

　　　　　　　　　——海尔大规模定制平台 CEO　王晓虎

序

PREFACE

柳冠中

本书作者高凤麟在前言中有一句话："'设计'所带给我们的真正价值并非物的生成，而是激励我们重新思考没有得到正确答案的问题。"这句话引发了我一系列的思考，也与我一再提倡的设计思想一致。设计的宗旨到底是把"物"当作目的，还是仅将"物"作为实现人类可持续生存的"工具"？而无休止地造"物"只会引诱人类无休止地扩张其"物欲"。

站在社会学与人类学的角度，我们会发现"纺车"不仅仅是简单的生活工具，它其实还是当时社会关系与生存方式的一个"镜像"。此物与彼物的抽象意义是一致的，它们有共同的目的：或是为了干净的衣服，或是用于数字计算，抑或除尘。拥有工具的目的是使用它，工具本身只是人类生存需要的一个载体。人类历史上所有的"物品"，大到建筑，小到筷子、刀、针线等，无非是满足人类生存所需的衣、食、住、行、用，乃至交流需要，哪怕再过一万年，这仍是人类最本质的需要，而这才是设计的不变本质。

我们习惯于用"眼"去看待物，把注意力放在人类自身的过去和现有痕迹的表面，人类过去和现代的成就的确辉煌无比，不妨再用"脑"和"心"去思考和反省一下：人类早期的穴居、四合院与当代的宇宙空间站的反差；埃及金字塔、罗马输水道、阿房宫、哥特式教堂、紫禁城的奇迹伴随着的是宗教观念与帝王统治制度；沉溺于工业文明的"技术膨胀"和物质享受与对占有欲的宣扬，淡化了我们对污染环境、浪费地球资源的罪孽感，腐蚀了人类的道德伦理观；当代交通与网络通信技术的发达，缩小了地球的时空距离，但人类之间越发生疏……

我们经不起技术的引诱，正在丧失人类生存的伦理、道德与观念。

人类的生存与发展除了承载衣、食、住、行、用的物质以外，还有额上的汗，手上的茧，人与人的接触、谅解，人与大自然的互动、共生，与他人一起参与、合作、改造、创造时产生的行动节奏、思想协调统一的乐趣、情感、情操，以及对一切存在事物的尊重。

设计一直是个很浅层的领域。我们所能看到的设计现象或设计作品、风格或流派、新理论与新方法都是对资本、商业或技术的羞答答的臣服（关于式样、时尚、流行的设计）或无力的抗争（关于环境与人性化的设计）；更可悲的是设计还有可能成为帮凶，变成刺激消费的手段来服务于资本的增值（有计划的废止与年度换型计划等），这是一种无知和不负责的疯狂。

社会的进步，首先应是品行道德、社会风俗和政治制度的进步。关心自然的存在就是关心人类本身的未来，这才是真正的科学观、人文观和科学技术发展的目标。只懂得应用科学和技术是不够的，要保证我们的科学与技术成就造福于人类，而不致成为祸害，就必须在赞颂人类过去与现在的同时审视人类的责任感，以更好地面向未来，这才是人类历史文化宝库中更为宝贵的财富。它能激起我们追求单纯、和谐、美好的智慧，在人类进化过程中挖掘我们内在的潜能，改变已有的度量标准，创造出还未曾有过的生存方式。

众所周知，"设计"是一门综合交叉学科，是站在两大巨人——自然科学和人文科学肩膀上的新兴学科。但"设计"不仅仅是"技术和艺术"的结合。在知识经济的背景下，在地球生态被严重破坏的状况下，"设计"要创造人类可持续发展的生存方式，就要形成一门具有开放性质的系统科学——"设计学"。我们应探索"设计学"的理论、原理、方法、基础，而不应仅把"设计"作为谋生的手段和行业的分类。

工业革命开创了一个新时代，工业设计正是这个大生产时代的生产关系的革命。"功利化"的工业化经济迅速地被大众市场所拥抱，从而孕育了人类"新"的价值观——为销售、利润、资源而生产，这似乎成为当今世界一切的动力。但是"工业设计"的客观本质——"创造人类公平的生存方式"，却被商业异化了。

商业唯利是图的诱惑让人难以抗拒，这个世界到处都醉心于"商业模式"，一些具有生命力的设计创新被利润扭曲，引诱人类无休止地消费与占有。商业社会诱惑人们从消费产品（功能—使用）到消费商品（感官—刺激），到消费身份（品牌—虚荣），直至消费娱乐（情感—享乐），乃至消费人类自身的未来。在浮躁的商业时代，"同质化"几乎已经成为中国企业界的弊病，不经沉淀就充斥于我们的城乡空间，如山呼海啸般泛滥。

"创造人类未来的生活方式"的出路绝不仅在于发明新技术与新工具，更在于善用新技术为人类带来视野和能力的维度扩延，以改变我们观察世界的方式，实现我们的理想，发展出新的观念与理论。

我们要的不是洗衣机，而是洁净衣服。

厨房不只有柴米油盐和家电，还要有天伦之乐。

我们要的不是房子，而是家。

"需求"不是 want，而是 need。

我们的设计不应提倡"占有"产品，而应鼓励"使用"产品；不是创造交换价值，而是创造用户的精神体验价值。我们的设计应该是超越产品设计的"分享型服务设计"。

设计不仅是一种设计技能，一种创新模式，更是一种思维方式，也是创新产业的必由之路。设计应关注国家强盛，关注民生，关注民族复兴，关注人类的未来。设计要为人类创造健康的、公平的、合理的生存方式。设计是引导人类分享，制约人类对"物"的占有欲的实践。这正是设计与科技、商业并存的根本，也是人类社会所需要的不被商业、科技毁灭的创新。

高凤麟提出了"微设计""设计并非物""人与物的深层关系——痕迹""不可见的设计""微不足道的设计""爱的药箱""盲人菜单""色彩之微""白噪音"等思考，正是由这些思考产生了一系列积极的理念，而且这些独特的思考十分有益于反思当今中国设计界被忽视的"设计初心"。设计应该将"盛景社会"的诱惑引导至分享服务、分享情感、健康公平、可持续生存方式中，使"设计"服务于有形，更服务于无形。

设计应积极地在科技发展的空间里创造更多的"文化价值"，使人类的生活空间更加健康和合理化，引领人类的思想与生活观念不断创新和突破。

艺术家见自己，

科学家见天地，

设计师见众生，

设计一定可以改变社会！

前 言

FOREWORD

高凤麟

　　微，应该是一个很能代表中国文化的字，含蓄而富有内涵。我们既可以将它看成度量的单位，也可以认为它是一种对程度的形容，抑或是隐密而不显现的表象特征。而这里想要进行讨论的，其实并不是上述几种，而是一种感觉意识上更高层级的元素。它带着一种探寻事物的原初感受，像蜗牛的触角一样缓慢而小心地接近目标，而非直达目标。这种潜藏于人们心中的感受，是人、物、环境三者发生和谐关联的有效方法。不同于其他的感受，"微"的定义是暧昧与模糊的，这种模糊构成了对事物混沌而更为准确的认知。它的认知范畴极小，却又有着无限蔓延的扩大性。

　　微妙意识的重构成为我们要探讨的议题。人类初生婴儿的状态，更像一张没有被书写的白纸，这种原初状态代表了各种未知的可能。倘若我们睁开双眼后看到的世界是另一副模样，我们对它的认知就会改变，也正是由于我们相信了我们所看到的一切，我们才被带到了眼前的世界。人类意识中潜藏的能量恰恰来源于似是而非的模糊认知，将惯常确信的事物以"一定是这样吗？"的反问构筑起意识的多重想象。我们在品味一碗米饭时所能感受到的味蕾刺激被富有味觉特征的其他食物所影响，以至于意识停留在对别的味觉的期待中而忽视了米饭真正的价值。倘若我们只有一碗米饭的选择，我们能否品味出更多？

　　人类意识的微妙程度远超出我们的想象，并出于强大的本能。即便没有受过美学训练的人也能通过本能感受到精微的美学差异，对人脸的识别便是最好的例子。我们总能在两个五官标致的个体间本能地意识到哪一个更为出色，这种判断能力并非来自于训练，而且比计算机精确的度量及运算快得多。

这本书大概花费了我 9 年时间，在这些年里，我一直试图以另一种视角重新诠释我们习惯认知的设计模式。我们可以从各种角度理解"设计"这件事，对同一件物品也一定拥有不同的理解。而当我完成这本书时，也更加明确一件事，那就是"设计"所带给我们的真正价值并非物的生成，而是激励我们重新思考没有得到正确答案的问题。正是这件事支撑我们继续持久地走下去！

　　我一直在等待一位聪慧的学生问我一个问题：我们究竟为何需要无休止地创造新的产品？假如被问及类似的问题，你将会如何作答？许多时候，这样看似简单的问题是很难回答的，这正如每天用到的形式简单的产品是最难设计的。也许有一天，人类已经不再设计新的产品，我们只需要在周围的垃圾堆里随便捡一个就可以了。那时，人们或许会为了一棵树、一杯干净的水付出巨大的代价。人类像一个不会长大的小孩，总是不自主地被外界的诱惑所吸引而忘记真正前行的路。人类社会不断增添的物品是否提升了我们自身的潜能？我们身体中的能量因此增强了还是被消耗了？长期处于需要通过感官刺激推动生存意识的年代里，我们能够影响世界的价值观的程度太低了。

　　在本书中，我以最大的努力将我内心体会的设计观用作品的方式予以呈现，并配以文字描述，希望能让大家看到较为全面、生动的思维面貌。既然是一种思维的表述，自然是具有探讨性的，期待在不久的将来得到大家宝贵的反馈，并期待创作更好的作品献给大家！

MICRO DESIGN

COGNITIVE THEORY OF CREATION | 微设计——造物认知论

目录 | CONTENTS

目录 | CONTENTS

目录 | CONTENTS

1 | 何为"微"

WHAT IS "MICRO"

何为"微"

WHAT IS "MICRO"

"微"字的由来

| THE ORIGIN OF THE WORD "MICRO"

　　考据字源得知，"微"在中国古代是丧葬文化中的一个汉字。其形容老人颤颤巍巍和虚弱的形象。因早期生产力低下，故有"弃老风俗"[①]，丧葬之意由此而生。甲骨文中的"微"字无双人旁，早期金文亦无双人旁，造字本意为：老人拄杖缓行。晚期金文加"彳"，意为行进，后篆文承续金文字形。古代文献对"微"字时有记载。如《说文解字》对微字的解释为：微，隐行也。意为：隐藏身份，悄悄行进。《春秋传》曰："白公其徒微之。"意为：白公的门徒将他的尸体隐匿在山上。再如《宋书·吴喜传》："且欲防微杜渐，忧在未萌。"意指在坏思想、坏事或错误刚冒头时，就加以防止、杜绝，不让其发展下去。"微"字在现代的基本解释有：1. 小，细小；2. 少，稍；3. 隐约，不明；4. 精深，精妙；5. 衰落，低下；6. 隐匿；7. 暗中察访；8. 无，非；9. 国际单位制词头，指 10^{-6}，一百万分之一。

---

① 在中国古代有把老人打死以便其超生的习俗。在有那种思想的时代，打死亲人是为人子者所应尽的孝道，否则死者灵魂会因不能再生而前来骚扰亲人，成为全家的不幸。杀死老人的习俗反映在甲骨文的"微"字上，它作一手拿着棍棒扑打微弱的长发老人之状。"微"字有两种含义，一是眼睛瞎了，一是私下行动。此含义引自许进雄著，《中国古代社会：文字与人类学的透视》，中国人民大学出版社，2008.3。

"微"字映射的设计思考

| DESIGN THINKING MAPPED BY THE WORD "MICRO"

在对"微"字的几种解释中，对于设计而言较为重要的是前面的三个解释。其中第一个解释"小，细小"是一个尺度概念，注重体量上的大小。由微与设计所关联的字面意思最容易想到的便是关于微小细节的再设计或改良设计。需要区别对待的是，这并不等同于微小体量的产品设计。人类发明的产品不论从技术整合性或原材料的使用性上最终均趋于轻量，但技术的变革将产生形式的巨大变化，甚至使某些实体产品最终消失。人类自掌握一定的工艺技术后，便一直痴迷于对物的改造。工业革命后，更是将现代技术视为无限改良物的手段。物的形式也的确经历了各种变化，同时物也具备了各种新功能。对物的关注角度逐渐从外表的形式感转变为其内在价值。而内在价值关系到人们的需求。有时人们对一个物的要求着实简单，原因在于许多产品的基本功能早已实现，在不破坏经过提炼与保留的基本形式的前提下，有选择地进行细微的调整与改进才是人们真正需要的。在解决小问题时所采取的手段与方法才是真正需要研究的重点。时至今日，由于人类文化的发展及多重感官经验的增加，设计功能的外延正在逐步扩大，因此，对微小细节把握与改良的方法变得灵活。这样的微小设计思路有许多，比如对物品局部舒适性的改良，对物与物之间关系的细微调整，对行为顺序的有序编排，对操作影响的深入思考，用新的方式替换原有解决方式的考虑等。

微小既被认为是对物品尺度上的定义，同时也是对设计思考角度的重新认识。从细微处着眼的益处在于能够发现不易被觉察的问题及事物之间错综复杂的联系。而决定物品品质的关键环节往往就在于抓住被迫切需求的某个或少数几个点。人类促使事物发展的意识轨迹总是趋向于最大限度地解决现有矛盾，但这并不表示在短期内具有足够解决所有问题的能力。而对物品形式的改变在一定程度上带来对所有连带功能的重新考虑，许多有经验的设计师甚至会为了改变物品原有的形式而放弃原本已趋于完美的功能。这样做的坏处在于往往无法较为妥善地解决产品的全部问题而被迫推出产品，也同样致使使用者日后快速更替此项产品。对产品精准而细小的改进，一方面有助于减少全面开发所带来的成本投入，另一方面便于对产品进行深入的研究。

　　"微"字的第二种解释为"少，稍"，强调对程度的把握。物质世界的极大充裕带来各种不曾有过的新问题，如过量饮食导致各种疾病，信息爆炸导致人们关注力下降，以及人们在良好物质生活条件下免疫能力下降等。对物的无穷欲求带来许多不良状态，打破了原本平常有序的生活节奏。现代人缺少"仅这样便够了"的节制意识是导致许多问题发生的根本原因。许多物品被制造的目的仍旧在于满足人们内心虚荣的欲望。包豪斯时期伟大的建筑师密斯·凡·德·罗（Ludwig Mies van der Rohe）曾提出的"少即是多"（Less is more）的设计思想从那个时代起便定义了功能的一项重要原则，即以最少的外在形式获取最大的使用价值。"少"的本意并非只强调单一物品的形式简单程度，更重要的在于其本质功能的无可取代性。我们借由"微量饥饿"的法则设计并生产物品，即有意识地控制形式的"无限美好"，其目的在于激发存在于人类感官中的另一半的期待与想象，这样的适度限制有利于保持人类不竭的生存动力。

　　"微"字的第三种解释为"隐约，不明"。隐约意味着深邃的力量，也可表现为一物多意或者消隐于喧嚣的表象。物与环境呈现出相互作用的关系。物的整体性构成环境，而环境决定物的价值。假如将人、物、环境三者作为一个整体来考虑，人的感知则决定了物与环境的价值。这里所说的决定并非客观意义上的价值判定，而是出于

"微"的内涵与 5E 法则

人自身主观的价值判断。通常人们考虑最多的是人与物的关系或人与环境的关系。从远古开始，人类一直将获得物品与直接的生活水平相关联。即便是居住的房屋，也可被理解为一种特定形态的空间性的物。环境虽然由物构成，但以不同的物最终形成具有环境效用的场，并非未经训练的普通人能够把握。这其中涉及的原因在于：一方面，人们大多天生还不具备协调处理物与物相互关系的能力；另一方面，从人内心对物的喜好来讲，第一直觉的判断首先从物本身的吸引程度开始，即便是受过视觉训练的人也很难达到每次以整体环境要素考量物的存在必要。而物与环境的关系又是有机变化着的。一件物品对环境的适用性并不具有普遍通用法则，即物的存在即便不符合特定场所的需求，也并不表示其适用性的不存在，因此，要求普通人能够将物与环境联系在一起进行需求讨论是不太现实的。

物经常被作为彰显视觉的手段而存在。自 20 世纪 30 年代消费主义思潮产生后，产品的更新换代似乎成为时代发展的必然方向。人们似乎并未清醒地意识到拥有产品的真正目的。直到今天，环境的超负荷信号提醒了我们消耗资源的严重后果。物的大量制造造成环境容纳空间的不足。出于信息的不对称及管理的不系统等原因，开发商并未被告知此项产品的全球总量及地区保有量，因此，大量的重复生产无法避免，物与环境的矛盾也因此加剧。

借由上述对"微"所包含的意义的理解，不难发现其精神内涵具有与当下设计发展极为吻合的思维要素，这也是形成本书思考的原因。

2 | 微设计
MICRO DESIGN

微设计

MICRO DESIGN

从文字的意义上讲，汉字"微"恰好能够概括我们对设计问题的几重重要思考，它们分别是：对细节的关注、对程度的控制，以及对整体的把握。这也是要基于"微"的视角重新探讨设计可能性的原因。

将"微"的通感加之于设计概念是富有内涵的。在这样一种对物的再创造的学科中，我们唯一可以确信的事在于对已知事物进行更进一步细分化与深入化的研究，以得到更多的认识与诠释。这里所说的"微"，脱胎于对其意义的表象理解，然而又不相同，它更显现为脱离一切已有既定范畴的定义方式所重新定义的人类感官概念，它并非一种体量及程度上的定义，所涉及的对象也不是我们从字面上理解的小范畴。相反，它的空间应是广大的，是借由探究事物之间的内在逻辑所生发的全新造物观。

我们从人类不断突破创新的方式上能够看到，对问题研究的角度与方法存在细分化与微观化的总体趋势。我们所存在的世界是由极微小的元素组成的。"微"实则成为构成万千变化的基本单元。以微观方式了解事物的内部原理成为探究并改变世界的基本方法。人类在工业文明到来之后的 100 多年间实现了从未有过的创新，其原因在于以量化方法精确计算基于宇宙一般规律的微观世界并将结果应用于现实。

早在 17 世纪，微积分的创立便使人类的发展翻开了崭新篇章。它将难以被计算的量度通过以基本单元形式的无限切分与聚合形成规律性的运算法则。针对复杂且不规则的事物，人类通过对微小量化的累积计算，建立了全新的研究方法。微积分改变了人们观察世界与分析世界的基本方法。从广义上理解，它被认为是研究运动规律的科学。经由古希腊传承下来的数学一直以静态的方式分析客观世界，直到微积分的产生，人类才真正进入了变量研究的时代。

20 世纪初，物理学也诞生了描述微观物质的一个分支——量子力学①。它的发展，使得人们对物质的结构及其相互作用的见解被革命性地改变，许多现象也得以真正被解释。人类从物质的更小单元展开研究，找到了通过裂变②或聚变③的方式所产生的物质新能量。现代计算机集成技术的发明也归功于量子力学的发展。由于量子力学促使了晶体管的发明，人们从而创造了我们今天使用的便携式电脑。

另一个微观应用科学的突破便是纳米技术④的发展。从 20 世纪 60 年代开始，人类在纳米层级的物态研究上不断取得重大进展。时至今日，我们已能在各个领域使用到经过纳米技术改变的新型材料。人类除了从原子汲取能量外，还在微小范围内具备了更多改变物质特性的手段与方法，并从各个方面创造改善人类生活的产品。

---

① 量子力学与相对论一起被认为是现代物理学的两大基本支柱。许多微观物理学理论，如原子物理学、核物理学、粒子物理学及其他相关学科，都是以量子力学为基础的。
② 这里指核裂变（Nuclear Fission），是指由较重的（原子序数较大的）原子，主要是指铀或钚，分裂成较轻的（原子序数较小的）原子的一种核反应或放射性衰变形式。核裂变由莉泽·迈特纳、奥托·哈恩及奥托·罗伯特·弗里施等科学家在 1938 年发现。原子弹和核电站的能量来源都是核裂变。
③ 这里指核聚变，又称核融合、融合反应或聚变反应，是将两个较轻的核结合成一个较重的核和一个很轻的核（或粒子）的一种核反应形式。两个较轻的核在融合过程中产生质量亏损而释放出巨大的能量，如恒星持续发光发热的能量来源便是核聚变。
④ 纳米是长度单位，指 1 米的十亿分之一（10^{-9} 米）。纳米技术是建立在生物、物理、化学等科学领域之上的应用学科，研究结构尺寸在 1 纳米至 100 纳米范围内材料的性质和应用。

在生物技术及其相关领域，人类正对自身进行着规模庞大的系统性研究。从利用人体细胞进行克隆的技术，到人类基因组序列的破译，大量微观层面的研究已取得突破性进展。

综观人类在微观世界的众多发展，我们发现人类正逐步以更为严密细微的方式分解与建构客观世界和人类自身的逻辑，并尝试将物质的组成单元细分成更小的元素加以重组与应用。世界产生了更为复杂的联系，而所有学科的不断细分化将最终促使研究工作更为细微与深入，且伴随着解决问题手段的多样性。

从包豪斯开始，产品设计才在真正意义上进入功能性时代，从早期基本满足使用功能的产品特征，到具有与人类情绪对应的形式的探讨，物的演变虽没有产生诸如某些自然科学领域颠覆性的变化，但始终伴随技术的革新挑战着人们的认知底线。在大约 100 年前的包豪斯时期，人们应该不会想到如今互联网环境下应用手机便可完成的购物模式；物与物、物与人的连接也远不会形成如此复杂、系统的数据。在传统的产品范畴中，逐渐出现更多的间隙，抑或被称作细分性的新需求。用户对未知体验的热情从未像现今这样高涨，但同时也对物的存在提出新的反思，结合环境因素及社会矛盾展开全面思考，总体看来体现于对产品品质及创新性更高的要求。

基于设计的功能性考虑，我将未来的设计思考方向以 5 个"E"来概括，分别为 Ecology（生态）、Experience（体验）、Efficiency（效能）、Ergonomics（人机）、Emotion（情感）。在与设计相关的众多问题中，以上 5 个方面是较为重要的方面，它关系到自然生态、人类社会、个体情感、未来体验等诸多问题。随着一些设计专业细分学科诸如通用设计（Universal Design）、感性工学（Kansei Engineering）、服务设计（Service System Design）等的发展，产品设计已经向更多元与更复杂的维度进发，也必然在未来产生更多细分领域的研究学科，伴随跨领域问题的生成。这里想要强调的是设计对整体系统关联性的未来思考。以往我们通常在情感、人机及功能体验等若干个基本问题上加以讨论，而随着环境负担的日益增大及社会矛盾的突出，我们不得不将生态可持续及社会运作效能连带考虑，并将产品的维度提升到人类生存意义的高度重新建构。

如果我们将人类的设计行为看成一个立体的空间，则会产生多通道交错的分类视角。可以得到的现有体系大致可以分为依据产品类型分类与依据功能需求分类两种。前者一般是对不同设计对象分类所进行的研究活动，如交通工具、家具、电器、服装、建筑等。后者所阐述的依据功能需求分类则更接近于 5 个 "E" 的概括，它打破了前者所做的类别划分，而将物的研究总体看成满足人类各项需求的工作，它们之间并没有强调物的属性上的差别，跨领域的思考及合作变得更为重要。在这个立体的空间中，还存在上述分类之外的关联性派生问题，我称之为间隙的问题。经由诸多纵横交错的连接，我们会发现许多产品的诞生并不在传统认知的归类之中，而它们所具有的功能，极有可能是跨越多个领域生成的，其本身也可能是基于多重人类需要所定义的全新功能载体。

举个例子，通常我们对建筑的认知是可以长期居住的房子。而对于未来的人类，我们不可确定他们是否以稳定的方式长期居住于一地，因此，可能出现交换住宅或快速移动的全新居住形式。倘若这样，建筑极有可能朝着便携的方向发展，那它的形式将更趋向于组合折叠的家具或类似于帐篷一样的拆装结构，也意味着我们将看到更轻便的材料应用于建筑。这样的介于建筑与家具之间的物品是我们今天没有出现的新物种，伴随其产生的还有用于搭建这种物品的场所及全套服务设计。

此外还有关于截断化的"半成品"思考。对于生成的完整物品来说，其本质上与人类的个性化需求是背离的，未来的我们在对物的认知上将发生颠覆性的改变，这其中包含对许多精良的"物品局部"不可想象的需求。依据这样的思维模式，我们将产生原本并不可称其为产品的产品。一块海绵、一扇窗户、一个灯罩，我们可以寻找到越来越多未来人的个性化需求，并创造完全不一样的产品。

随着人类自然科学水平的提高与物质的极大丰富，设计的功能属性将逐步转换成对先前认知偏差的进一步修正。对物的需求在一定程度上将长期获得满足，所不能解决的在于人类社会的深层矛盾，其中包含日益增长的环境负荷及社会产生的诸多新问题。

3 | 基于"微"的创新思维法

INNOVATIVE THINKING BASED ON "MICRO"

基于"微"的创新思维法

INNOVATIVE THINKING BASED ON "MICRO"

在与设计相关的诸多范畴中,"创造性行为"是一个基础性与前导性的概念。《牛津心理学词典》对创意"creativity"的定义是:"产生新颖、原创且有价值、适宜的想法或事物,有用,有吸引力,有意义并正确。(The production of ideas and objects that are both novel or original and worthwhile or appropriate, that is, useful, attractive, meaningful, or correct.)""创造性活动"的官方定义显示其具有多重要求,基本上围绕着原创及具有被需要的价值两方面展开。

当今创造力研究权威罗伯特·斯滕伯格(Robert J. Sternberg)[1] 和托德·鲁巴特(Todd Lubart)[2] 认为:"新颖(novel)和适宜(appropriate)是创意的两个必要条件。所谓新颖,从创意上说是不同于普通人制造出来的不寻常的东西。而一个产品一定也要有它的功能才行,因此,对某个问题来说,它一定是个恰当的回答,即

---

[1] 罗伯特·斯滕伯格(Robert J. Sternberg)美国著名心理学家,现任耶鲁大学心理学和教育学 IBM 教授。他最大的贡献是提出了人类智力的三元理论。该理论认为智力是适应、选择和塑造环境背景所需的心理能力。该理论由三个子理论——成分子理论、经验子理论、背景子理论构成。此外,他还致力于人类的创造性、思维方式和学习方式等领域的研究,提出了大量富有创造性的理论与概念。斯滕伯格批驳传统智力测验,认为人的智力并不是与生俱来并永不改变的,他强调人的智力水平可在实践过程中得到修正与提升。
[2] 托德·鲁巴特(Todd Lubart)是巴黎笛卡尔大学(Descartes University)心理学教授,经济学与心理学系主任,在美国耶鲁大学获得博士学位,其研究重点是创造力,包括个体差异、儿童创造力的识别、发展及创造过程。

它要有用。"心理学家阿玛拜尔（Teresa Amabile）[1] 和蒂格（Tighe）认为创意的价值和意义为："一个具有创造性的成果或反应不仅仅是为了差异而有差异，它还必须是合适的、正确的、有用的、有价值的或能表达意义的。"心理学家弗洛伊德对创造力行为的分析为："创造力的源泉是将能力升华至适合的及有利的途径。"理查德·迈耶（Richard B. Meyer）研究创造力的定义后发现："大多数人都赞同这样的想法，即创造力意味着产生独特而有用的产品。"

综合上述大家的看法，发现、创新伴随着对事物本质的且全新的理解。这里所说的"本质"是指对原有事物客观规律的再认识，而"全新的理解"则代表了两种方向，一种是产生不同于以往方式的全新形式，甚至具有颠覆传统认知模式的全新尝试，另一种是在原有基础上进行更为准确精细的再次定义，并试图求得更为严密的结论，二者均基于一个共同前提，那就是形成有用的价值。

"微"的理念实则强调的是对差异的控制。存在于新旧两种不同产品间的对需求本质的把握成为判定优良的标准之一，而非表象上是否存在不被认识的经验。细微体察所带来的对功能实现程度的评估往往依据时代发展的特性产生全新的要求。而对潜在需求的发现与对物的改良一样成为具有价值的创新行为。应该说，我们不用去创造一个所谓"新"的东西，而是需要去发现原来被你忽视和轻视的东西。找到未被发现的全新价值，实际成为形成良好创造的内部动因。从平凡的产品中发现不被发现的美也是具有创新性的理解过程。这里不得不强调所谓"合适性"的问题。大多具有长久

---

① 阿玛拜尔（Teresa Amabile），1977年获得美国斯坦福大学心理学博士学位，现任美国哈佛商学院研究主任，她的研究领域主要是如何让人们通过组织日常生活而影响并提升他们的行为。她曾花费35年时间研究工作环境如何影响人的创造力及行为动机。

生命力的产品并未显示出造型或功能的标新立异，却简单准确地回应着日常使用的需求。譬如我们吃饭用的碗，一直以来人们对碗的要求并不在于造型的变换及花纹的绚丽，而在于形成对进食活动的有益帮助，因此，对碗的再设计源于对进食活动的再认识。

上面论述了创新的概念，即形成原创并具有价值的产品的过程。而创新思维的建立方法一直是创造力研究的重点问题。这里将进一步阐述以"微"的思考方法为基本切入点的创新思维法。

首先，培养创新思维的前提一定是承认"创新"就其本质而言具有一定的难度。创新者，具有快速找到各种问题解决办法的综合能力，且通过非常规的解决思路达到目标。这中间存在大量的信息过滤与重组工作。创新之所以具有难度，是因为一方面需要产生对问题本质的正确理解，另一方面需要依据其原理创造出富有新意的形式语言。斯滕伯格认为："目的性和持续性都假设创造性工作是一个固有的时间过程，两者之中隐含了难度这个概念。如果一个特定的创造性工作是简单而明显的，我们就不认为它有什么特别的创造性，毕竟很多人都能做到。如果没有什么约束，那么产生新颖性可能并不困难。要完成具有创造性的产品，部分的困难是要使它与人类的目的相符，与其所在的社会与文化相符。"

社会生活的复杂性决定了设计工作者必须成为一个杂家。当设计工作者面对复杂的信息处理工作时，其难度是可以想象的。通常他们会遇到三类不同的信息等待匹配：第一类是关于复杂的用户需求的理解；第二类是应对需求的相关策略；第三类是实现策略的技术手段。这三类信息匹配完成的程度影响最终产品的质量。设计人员在一开始面对一个设计项目的时候常常忙于构建一种框架体系，试图将三者的关系罗列并巧妙安排在其中，这种过程往往还受到时间的制约。在各部分的关系没有匹配之前，围绕目标做持续反复的艰苦思考是形成创意的必要阶段。有资料显示：一些研究创造力的学者相信动机对创造力而言很有价值（Amabile，1983；Golann，1963；Nicholls，1972）。学者珀金斯（Perkins，1994）指出，创造性突破通常在若干年的一心一意的努力之后才会出现。伟大的物理学家牛顿就是对问题具有持久关注力的人。他自己也曾表示在其二十几岁对科学做出巨大贡献的过程中始终思考着他正在研究的问题。

以"微"的思维方式进入，对复杂问题运用细微分解的方法，并专注于少数问题的集中解决，能有效帮助产生创造性的概念。其原因很容易理解。每个复杂的问题都可以被肢解成若干个小问题。而这些问题当中必定具有主次矛盾关系。主要矛盾的解决有利于形成对新概念的认同感，并可能产生次要矛盾的连带解决。另一个无法回避的问题便是新产品的创造过程常常伴随跨领域的研究。众多交叉学科的诞生使得原有知识体系朝着横向与纵向不断发展，这势必带来研究问题的进一步复杂化。[①] 并非说从事创造性工作的人都不具备综合处理复杂问题的能力，但从某种意义上讲确实存在人们对对应要素进行匹配与信息联想搜索能力的强弱问题。比如，设计专业的初学者常常出现的问题是：由于技术手段与造型经验的匮乏，他们将最初的灵感来源依托于各种形式语言的参考过程。这样做的坏处在于首先背离了满足产品本质需求的出发点。这样做的深层次原因在于对解决某个问题的相关联设计要素不熟悉，而试图找到同时满足功能与形式两方面要求的思维刺激。这里便存在上面所说的主次矛盾问题。究竟是找到产品本质的需求重要，还是为其找到创新的形式重要呢？当我们在以"微"的方式逐层去掉产品华而不实的外衣时，答案已然存在。

[①] 斯滕伯格曾对专业人员需要具备创造力的原因作过这样的论述："当专家应用他们熟悉的演算技术来解决问题时，并不需要创造力，但是，当他们必须以其专业技术以外的知识与技术来解决问题时，就很可能需要创造力了。"

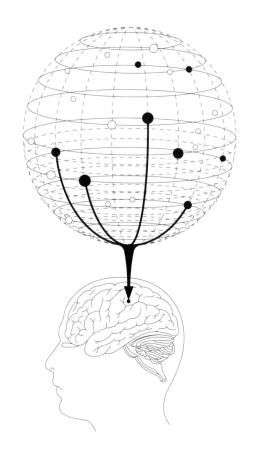

错落交织的众多线索中暗藏着我们需要的重要信息

之所以说围绕一个细小问题展开的思考具有创新思维的培养性，是因为对问题本身的选择也具有与解决问题同样的价值。应该说，"发现问题"与"思考该思考什么"有关。借用斯滕伯格与鲁巴特（1991）的话："那意味着决定把认知的本钱投资在什么地方。毫无疑问，深思熟虑地花时间发现问题，可能会增加产生创造性结果的机会。"在常规问题中找到不寻常的问题点是帮助我们更好地审视自我与批判性地认识事物的好方法。许多创造力研究者表示："能够激发创造力的好奇心，可见于坚持不愿意视任何事为理所当然，深切渴望事物的解释说明及对任何'显而易见的'解释持怀疑的态度。如心理学家杰罗姆·布鲁纳（Jerome S. Bruner）[①]（1962）所说：'愿意跳脱理所当然的状况，是产生新鲜的组合行为的先决条件。'从不同的角度看待事物的能力，特别是新奇或不寻常的角度，以及改变角度的意愿和能力——重新系统性地陈述一个不太有进展的问题——是许多研究人员所强调的、创造性思考的重要面向（Gilhooly & Green, 1989; Perkins, 1990; Sternberg & Lubart, 1992）。"[②] 通常不太有进展的问题与不太愿意面对的问题一样，具有较难发现问题症结的特点。它伴随隐性或暧昧的问题。可能由于原有产品解决问题不彻底，抑或受到市场等其他新问题的影响。但这样的时刻也极有可能伴随新的机会，因为这样的产品真正遇到的新问题也许并不多，有时只需进行细小的改进便可重新获得认可。

我们常常将解决问题的办法看得比发现问题更重要，殊不知问题的发现本身伴随着对问题的解决。若发现了一个大问题，则需要解决许多个小问题；而若只有一个准确的小问题，则可以倾尽全力加以解决。两种方式在实现过程中所付出的劳动成本与物质成本将可能形成巨大反差，而获得的效果将在未来由使用者的感受、产品的定价及新产品换代的速度来共同决定，这中间存在较多的不确定因素。

---

① 杰罗姆·布鲁纳（Jerome S. Bruner），美国心理学家，他的贡献是教育心理学中的认知学习理论。曾任美国哈佛大学与英国牛津大学教授及美国心理学会主席，1960 年创建哈佛大学认知研究中心。布鲁纳认为思想基于分类。"感觉是分类，概念化是分类，学习是分类，决定是分类。"布鲁纳认为应该用相同与不同说法解释世界。他建议以编码系统解释关于分类的等级安排，其理论中还提出关于故事性思考与典范性思考两种人类基本思考方式。
② [美] Robert J. Sternberg 主编，李乙明、李淑贞译，《创造力Ⅱ·应用》，五南图书出版股份有限公司，2005.9。

4 | 荀子与积微
XUNZI AND MICRO ACCUMULATION

荀子[①]与积微

XUNZI AND MICRO ACCUMULATION

先秦是中国古典哲学的鼎盛时期，各种哲学流派都在人与人、人与物的讨论中寻求普世之道。战国时期儒家学派代表人物荀子曾对"微"这一概念提出过精妙的论述。他对"积微"的表述及理解对后世影响最深。荀子认为，凡成就大事者必先始于小事，小事不屑则必将走向衰亡。另外一点是对物的价值判断，他强调物不应只具有观赏的功能，而应有其内在的价值。

《荀子》开篇《劝学》中写道："积土成山，风雨兴焉；积水成渊，蛟龙生焉；积善成德，而神明自得，圣心备焉。故不积跬步，无以至千里；不积小流，无以成江海。骐骥一跃，不能十步；驽马十驾，功在不舍。锲而舍之，朽木不折；锲而不舍，金石可镂。蚓无爪牙之利，筋骨之强，上食埃土，下饮黄泉，用心一也。蟹六跪而二螯，非蛇鳝之穴无可寄托者，用心躁也。"

其说明的道理在于，任何具有一定规模的事物均源于细小的累积。千里之行始于足下，江河湖海由小流积聚而成。即便是孱弱的生命，也可以通过专一的努力达到目

---

① 荀子（前316年？—前237年？），名况，中国战国时代儒家学者和思想家，赵国人，宣扬儒学和传授六经，著作被后世编为《荀子》一书。荀子祖述孔子，重视道德伦理，提倡仁义、礼义和忠信，集先秦礼论之大成，重视以礼修身和礼制教育。荀子重视人的学习能力，认为善行由后天学习而得，人人都有学习礼义的能力；君子应凭着个人修养，锲而不舍地努力，日积月累养成美德。其思想对后世特别是汉代的儒学思想与政治文化影响颇深。

江河湖海由小流积聚而成

标；而看似强大的力量，也会有无法胜任的工作。人们无法做到同时粗略地应付多项工作而达到满意的质量；不具备刻苦钻研的心志，学习与事业均不会有显著的成就。

他在《荀子·强国》中进一步论述了"积微"的理论："积微：月不胜日，时不胜月，岁不胜时。凡人好敖慢小事，大事至然后兴之务之，如是，则常不胜夫敦比于小事者矣。是何也？则小事之至也数，其县日也博，其为积也大；大事之至也希，其县日也浅，其为积也小。故善日者王，善时者霸，补漏者危，大荒者亡。……财物货宝以大为重，政教功名者反是，能积微者速成。诗曰：'德輶如毛，民鲜克举之。'此之谓也。"

其主要含义为：善于处理每日小事的人，最终能成就伟大的事业。积累微小的力量实际上成功最快。《诗经》上曾说道："大德如鸿毛一样轻，可常人很少能将它举起来。"所以说，要做好细微的小事并不容易。

《荀子·大略》中有述："夫尽小者大，积微成著，德至者色泽洽，行尽而声问远。"强调微不足道的事物，经过长期积累，就会变得显著。

我创立了一个设计事务所，名为"微客"，从最初创立到现在已有大约十年的时间。在一切都没有开始以前，在我的头脑中便已形成了一种鲜活的意识：未来的设计工作者将会是具有高感知力的人群，他们能够细腻体察与感知周围所发生的各种事物，并以此逐步累积内心敏锐的感知触觉。我发现在设计这样一种独特的工作中，唯有善于积累、细水长流的人才能胜任不同的挑战。"微"是能够准确描述这种特质的形容词，这个字一直在我脑中盘旋，而早期的这份原初感受应该是支撑起一切构筑的基石！之后"微客"的名字便出现了。

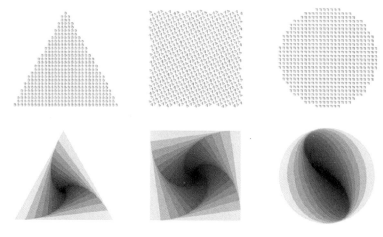

进入微客网站后看到的初始图形

　　"积微"是具有丰富内涵的一个词。它所表达的意义可被理解为多个不同的层级。在设计微客的网站时，我希望借由一种图形语言表达对"积微"的认识。微虽然呈现了弱小与不起眼的特性，但是具备可以深入一切的能力。将微小的力量汇聚起来，当达到质变的程度时，所爆发的力量是惊人的。它所呈现的变化应是巨大的，是以相同的微小累积所呈现的质的不同。以这样的原理所绘制的图形会让人看到后好奇"这是如何生成的"。

　　经过思考，我将其确定为一种带有三个基本几何元素且会发生动态变化的图形符号。我选择了三角形、方形、圆形这三个基本形态，并以密集的点阵图形对其进行填充。三个点阵形体中，构成三角形的基本元素是圆形，构成方形的基本元素是三角形，而构成圆形的基本元素是方形。这里所想表达的是：看似简单的事物，其基本结构未必是由与其有相同特性的微小单体构成的。当我们将鼠标移到任意一个图形上时，三个图形会同时快速变换，并由外层向内旋转出渐变叠加的旋涡，直至中心。它们的外形依然是不变的基本形，但从上一种状态转变为当下的过程非常突然，充满了惊喜，层层叠加无限延伸的图形带给我们对未知深处的想象。虽然有着耐人寻味的特点，其原理却非常简单，是以半透明的几何形以等距逐层缩小并旋转而成。许多人问我这个动态的图形变化代表什么含义，其实它想要表达的是：看似复杂的事物，其本质都是由若干个简单要素变化而来的，将它们进行有效的累积将产生完全不一样的面貌。

　　多年来我一直没有更换进入这个网站的初始图形。

微设计——造物认知论
MICRO DESIGN - COGNITIVE THEORY OF CREATION

5 | 微设计发生的内在动因

THE INTRINSIC MOTIVATION OF MICRO DESIGN

微设计发生的内在动因

THE INTRINSIC MOTIVATION OF MICRO DESIGN

人 - 物 - 环境 + 时间

| HUMAN - OBJECT - ENVIRONMENT + TIME

现代设计通常将人、物、环境三者关系列为考虑的对象范畴。除了环境设计（包括建筑设计）之外，作为产品、服装、平面等设计门类所涉及的改良对象时常不将环境作为一个单独考量的因素。自工业革命以来，人类一直致力于人与机器关系的研究。19世纪末20世纪初的人们强调通过选择与培训，使人更好地适应机器的节奏与要求，满足工作的需要。20世纪40年代人们已开始重视人的因素，意识到机器与程序本质上应适应人的需要。到了20世纪60年代，人们将研究重点从以往的"人因"转向把"人、机器、环境"系统看作统一的整体来研究，并成立了国际人类功效学会（简称IEA）。现今的各个设计门类中均有一门重要的技术性学科，即人因工程学[①]（Ergonomics）。它的研究目的在于使机器和环境适应人的需要，这些需要包括：提高工作和生产效率；保障人的健康、安全和舒适。

---

① 人因工程学（又称工效学、人机工程学、人类工效学、人体工学、人因学）是一门重要的工程技术学科，为管理科学中工业工程专业的一个分支，是研究人和机器、环境的相互作用及合理结合，使设计的机器和环境系统适合人的生理及心理等特点，在生产中提高效率，达到安全、健康和舒适目的的一门科学。

从最初意义上对环境因素的认同到究其缘由，还存在认识上的巨大差异。从简单的关系上理解，物被创造的直接原因在于人，物的综合构成了环境，而物与环境又被人所感知，此三者之间构成了具有复杂意义的联系。人类最初感受到环境价值的原因在于人对环境的高度依赖与深度依附，但是机器创造破坏了环境与人初始的和谐关系。破坏的方式在各个时期是不同的。早期的机器从外观上破坏了环境给人的心理感受。而当人们将机器的外观变得更为亲和后，并未解决物与环境的矛盾。物的增加使得环境既无法实现原料资源的充分供给，也无法承受废弃物的循环与处理。而人作为感知物与环境的主体，又因受到时空关系的限制而表现出认知的片面性，不同地域的人们对环境面临的总体压力是不明晰的。由机器的使用带来的压力是容易被人感知的，原因在于每个个体与被使用物形成微小范围内的接触并生成对物品的单一感受。而物被丢弃后的时空转换却不在个体能感知的范畴之内。人类在主观意识中总是倾向于对个体有用物质信息的追寻，却常常忽略被忽略物的去向及其产生的效应。加上人类个体认知状态扁平化的特性及时空关系的相对错位，导致客观上并不具有把握整体信息的可能性。对环境的重视便成为需要被充分告知的事件。

美国著名知觉心理学者詹姆斯·吉布森（James Jerome Gibson）[1]在论述环境在时空中的相对性时曾提出，环境具有广度与时间上的层级条件。如宇宙以万年作为时间跨度的单位，原子则以百万分之一秒的时间跨度为单位，我们周围的环境则以秒

---

[1] 詹姆斯·吉布森（James Jerome Gibson，1904—1979），美国知觉心理学学者，生于俄亥俄州，创立生态心理学中的重要概念"affordance"一词。1922 年进入普林斯顿大学主修心理学，曾受到"感觉器官的物理性刺激并非知觉的唯一原因"之主张的强烈影响。1940 年代参与美国空军知觉研究计划。1949 年转往康奈尔大学任教，直至去世。著有《视觉世界之知觉》（The Perception of the Visual World，1950）、《知觉系统的感觉》（The Senses Considered as Perceptual System，1966）及《生态学的视觉论》（The Ecological Approach to Visual Perception，1979）等著作。

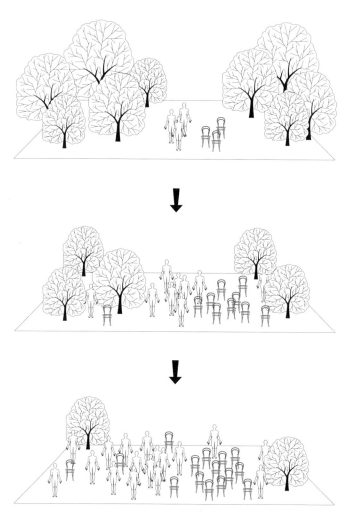

人、物与环境三者之间的关系

或年这样的时间跨度为单位。人类能感知到的东西也与其体量有着密切的关系，极大世界与极小世界却被我们"置之度外"。我们无法看到山川被侵蚀，只能看到岩石的下沉。我们无法感知到原子内部电子的移动，却能感知一张椅子在一个空间中的移动。世界的运动形式是事件中包含着事件，构成形式是造型中包含着造型。自然环境的时空单元与可测定的时空单元并非一致。前者作为被动物感知的对象，具有随意与常规的特点，并在过程与变化中体现时空的转移。后者是经过了量化的统一标准。而环境作为一个整体的有机系统，不具备标准化的可测量模式。[①] 被人与动物所感知的外部环境并不等同于真实的外部世界。环境被感知的方式受到特定的时间及感知者心理的影响。中国有一句古语"一朝被蛇咬，十年怕井绳"，井绳作为被感知的对象，本身若只具有客观物理特征，则并不能被感知到是令人恐惧的元素。而在特定的人被蛇咬的事件之后，加上作为被咬者的主观记忆，共同形成了这一场景环境给人的恐惧认知心理感受。

强调人、物与环境三者关系的前提在于：客观世界的物理现实，并不构成有意义的物的概念。而使物成为有意义的对象，则是由于能够被感知的生态现实。动物与人对由物构成的客观环境的认知具有本能性，其过程并不像人类对物理与数学的认知那样，而是具有观察与发现意义的独特方法。观察与发现本身即具有时间先后关系的不同。

人类个体由于其生存时间的局限性，对客观世界时空发展的认识也具有局限性。由处于某一时期的部分人类活动所形成的物质堆积逐步产生了环境未来发展的不确定性。我们并不知晓未来人类对物质的具体需求将会发生何等变化，却将原料大量地消耗于当代的消费，所换来的将是未来人类无法承受的环境负担。物被制造的过程与物被感知的过程极其不同。设计者从个体眼光出发而创造的产品，仅仅代表其自身认知世界的方式，或称其为在当时环境下认知世界的方式更为恰当。而人们包括设计者本身甚至都未曾学会准确定义人与物之间和谐的相互关系。单个物品被感知的过程与物被置于环境中的整体感知过程并不相同。物在时间作用下被人利用的功能特性也在不断发生变化。许多曾经具有良好使用功能的产品今天已消失得无影无踪。由物所构成的环境具有不可逆的特性。这样的不可逆性在时间的推移下将逐渐产生令人担忧的累积效应，直到其表象足以引起人们的警觉。

---

① 此关于时空相对性的论述引自 James J. Gibson, *The Ecological Approach to Visual Perception*, Psychology Press, Talor & Francis Group, 1986.

由此我们认为人、物、环境三者在相对变化的整体趋势下产生对应的效果。环境在承受人与物关系作用的时间坐标中逐步显现不可还原的特征。这一切源于人的内心感知，也将随着人的感知变化而变化。

6 | 熵与设计
ENTROPY AND DESIGN

熵①与设计

ENTROPY AND DESIGN

从人类科学还不发达的时期开始，设计已具有原始的雏形，其最初表现形式为视觉效果的改良。工业革命之后，人类已能够运用更为先进的手段帮助完成物的创造，由此产生更加上乘的产品质量，使人类物质欲望得到进一步满足。由能量（包括人体能量与物质能量）消耗所产生的成本投入经过商业化过程逐渐产生贬值效应，其表现形式为由于数量泛滥或不被需要后所产生的降价促销，直至该产品最终退出商业市场而被另一种新产品替代。如果我们换一个角度观看事件的整个过程会发现，其中未被讨论的一个概念在于能量实际消耗的效率问题，即从产品被生产到购买直至丢弃的能量投入与价值回收的比率问题。以自行车为例，此项产品的生产过程较为复杂，实际消耗的能量很高，而制造该项产品的成本不断降低，导致最终流入市场的产品售价逐步下降。实际上这便产生了有效能量的利用率下降的问题。从科学角度我们已证实这种有效能量损耗的实际存在，并发现其实质为不可逆的过程。

热力学第二定律是热力学四条基本定律之一，表述热力学过程的不可逆性，即孤立系统自发地朝着热力学平衡方向——最大熵状态——演化。通过热力学第二定律可以得出熵的恒久增长性结论，即能量每一次从一个水平转化到另一个水平，都意味着下一次能再做功的能量减少了。由于能量无效性转变的不可逆性，西方社会的诸多领域都曾因为此理论的出现而产生巨大影响和广泛争议。最有代表性的是 1972 年麻省

---

① 熵，热力学中表征物质状态的参量之一，用符号 S 表示，其物理意义是体系混乱程度的度量。

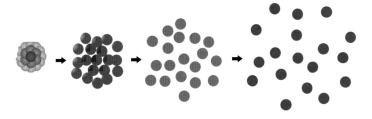

孤立系统中的熵值会不断增大，混乱程度增高

理工学院的丹尼斯·米都斯（Dennis L. Meadows）领导的科研小组出版了《增长的极限》[①]一书，此书一经问世便带来随后32年间全球范围内对人类发展模式的重新讨论，以及对"增长"这一主题的反思。"熵"这一概念也从一个物理学概念逐步延伸到信息学、生态学、哲学、心理学、经济学等领域。希腊语中"熵"的原意为"内向"，亦即"一个系统不受外部干扰时往内部最稳定状态发展的特性"。有趣的是，古希腊人并不认为历史是不断向前发展、永远进步的过程，反之是从有序到无序的不断重复与循环的过程。亚里士多德与柏拉图都曾经认为变化相对最少的社会才是趋向完美的社会秩序，世界也并非持续发展与不断增长的。以牛顿为代表的机械论世界观曾试图以数学方法解释一切存在。自然科学的发展与工业文明的进步正是在这样的背景下才出现了蓬勃发展的态势。而后的计算机科学以二进制运算法将各种复杂的运算变得富有逻辑，并由此开启了以互联网为基础的信息时代。大量人类科学所取得的成功似乎在证明着人类社会快速发展的合理性。

①《增长的极限》是罗马俱乐部于1972年发表的对世界人口快速增长的模型分析结果，由丹尼斯·米都斯主笔。这本书用 World 3 模型对地球和人类系统的互动作用进行仿真，反映了马尔萨斯在1798年发表的《人口学原理》中表达的观点。本书讨论的一个重要观点是：如果资源消耗指标持续增长，那么可开采指标就不能用现有已知的储量除以目前的年消耗量来计算，这是生成静态指标典型的算法。虽然《增长的极限》一发表便引起巨大争议，但是今天许多人认为这本书传递的总体信息是准确的：地球资源是有限的，因此，无可避免地会有一个自然的极限。

然而热力学第二定律阐述了一切物质的循环再生无疑要以一定的衰变为代价。于是我们开始思考由技术革命所带来的各种问题，诸如环境恶化是否会在未来成为人类社会加速终结的诱因。美国得克萨斯州大学的生化学院退休教授唐纳德·戴维斯（Donald Davis）一直致力于研究食品的营养。他从 1950 年至 1999 年对 43 种果蔬的营养成分进行记录研究后指出，由于土地的日益开垦，营养成分日益缺失，加上作物自身由于生长周期缩短所导致的抗病能力减弱等因素，如今果蔬中所含有的蛋白质、钙、磷、铁、维生素 B_2 和维生素 C 等营养物质的含量减少 5% 到 40% 不等。

有一点需要强调的是熵与时间的关系。牛顿机械论世界观下的时间概念是可以沿着两个方向中的任何一个方向发展的。由于它建立在数学的基础之上，从理论上讲，运动物体的变化是可逆的。而依据熵的理论，任何一种变化本身均伴随着能量的损失，因此，逆转行为即便发生也无法产生原本样态的物质。学术界对人类发展速度与结果的关系一直存在争议。有部分人认为，人类改造自然的速度越快，人类进步就越大。

土地的日益开垦造成营养成分日益缺失

共享单车的大量生产，形成了很多共享单车的"坟场"

而世界将以井然有序的面貌出现，为我们赢得更多的生存时间与生存资本。如英国经验主义哲学家约翰·洛克（John Locke）认为："自然界中的事物若不被人们转化为具有使用价值的东西，那它们便始终处于荒废状态。而我们的世界正逐步从混乱状态走向有序状态。"另一部分人则认为，人类的一举一动均产生有用能量的消耗。应放慢发展的速度，提倡低熵的生活。

从熵的另外一个作用，即被用于计算一个系统中混乱的程度可以看出，随着时间的推移，实际有序状态的打破将成为必然。从熵的统计学原理讲，事物趋于秩序的可能性远小于产生混乱的可能性。从人类学的一般意义上分析，这种趋于混乱的可能性完全存在。因为文化与技术的发展势必带来人类个体思维复杂性的提升。而这样的复杂性本质上不利于把握整体的行为方向，由此便产生事物发展趋势的多重性。以产品开发行为为例，在人类科技发展初期所诞生的新产品，其评价标准相对较低，而市场接受度又相对较高。对产品销售情况的预估分析相对简单。而当代的产品开发工作面临的技术成本较高，一旦对市场需求分析有误，所导致的经济损失将相当可观。加上同类企业技术革新速度加快，使用者心理不断变化，客观上给开发工作的效果带来不确定性。

美学家鲁道夫·阿恩海姆（Rudolf Arnheim）[①] 认为，熵定律虽然适用于物质世界，却无法统治超然的精神世界。精神世界的快速发展未必需要以衰变作为代价。然而物质世界的极大发展无法直接导致精神境界的提升。从亚里士多德到托马斯·阿奎纳（Thomas Aquinas）[②]，许多哲学家都认为财富到达一定程度终将成为幸福的障碍。对物质的无度追求不应成为人类社会发展的理由。控制世界混乱无序的重要方法将是减少有效能量的损耗，即保持物质世界的良性发展速度。

设计，简言之，是一种有目的的创作行为。由于设计行为需要进行信息的收集与处理，并将信息整合构筑成一项富有元素的对策，设计也被叫作信息的建筑。从包豪斯时期开始，设计已不再是奢侈物的代名词，而是现代工业文明下真正试图解决生活问题并满足大众审美需求的基本概念。随着人类需求的不断增长，新的设计门类也应运而生。新材料、新观念的诞生使得物的样态朝着前所未有的多样化方向发展。随之而来的便是物品不断的更新换代，以及由此导致的人类认识本能的缺失。这种缺失表现为对物的各种依赖及评判标准上的不确定性。人们对物的需求成为制造生产与设计开发的原动力。自然资源与人力资源的大量耗费加速了熵的产生。

---

① 鲁道夫·阿恩海姆（Rudolf Arnheim，1904—1994）出生于柏林，1928 年获哲学博士学位。他是格式塔心理学美学的代表人物，曾任美国美学协会主席。阿恩海姆的格式塔心理学美学建立在现代心理学的实验基础之上。他认为知觉是艺术思维的基础，并由此提出了"张力"说，认为力的结构是艺术表现的基础，而"同形"是艺术的本质。

② 托马斯·阿奎纳（Thomas Aquinas，1225—1274），中世纪经院哲学的哲学家、神学家，也是托马斯哲学学派的创立者，保存并修改了亚里士多德学派的思想。他认为没有任何智慧是可以不经由感觉而获得的。其思想对西方哲学及基督教神学有着极大的影响。

7 | 柔性操作与能量的留存
FLEXIBLE OPERATION AND ENERGY RETAINING

柔性操作与能量的留存

FLEXIBLE OPERATION AND ENERGY RETAINING

人类能量的未来汲取方式还未明晰。

能量大概可以被看作最微小的物质，我们很难去定义它的属性及流动的特性。人类对能量的研究才刚刚开始，也非常有必要将其看作未来需要重点研究的领域。因为人类创造物品的目的并非基于能量意识的深层考虑，而只是人类浅层意识需求的满足。这种浅层意识甚至还未触及最初级的能量概念。我时常觉得大多数人在生活的过程中消耗了大量的能量。为何这样说呢？生活中常伴有许多能够保存能量的方式，但可能需要借助某些特定的器物或使用器物时的心理感受。一个淋浴龙头，一本触感良好的书，一块毛巾，抑或是一张表面质感动人的书桌……这些日常物品都有可能为我们带来非常和谐的操作感受，能量的孕育由此产生。在使用许多产品时，我们并未意识到与产品真正产生互动的和谐性，只是勉强而生硬地使用着，并伴随能量的损耗。日复一日，年复一年，直至产品老旧与破损，我们又购买新物。而这里会有一个问题，就是所有好的物品不一定会在同一时间进入你的视线，但多数人总是急于将自己的新房填满，于是当我们发现真正好的产品时，却不能再次购买它，只能一直持续使用并不具有操作和谐性的旧产品，身体内和谐的感受很难产生。研究表明，当人们产生行为的和谐性时，体内会分泌一种叫作内啡肽的化学物质。也正是这种物质反过来使我们产生了生理上的幸福感。内啡肽的分泌对健康有益，这就是我们需要产生操作愉悦性的重要原因。

下面我们来讨论基于产品尺度与柔性操作的人机关系。

在我们与物品发生的使用关系中，存在多重应答作用。由于材料形变或结构反弹等因素，这些应答作用虽然都体现为物在受到人的外力作用后的反作用力，但人体对这些作用力的感知方式有着巨大的不同。对于同一件物品，我们通常考虑的是物的外在形式及功能理应符合人们使用的舒适感受，以达到人机关系的和谐。而在人与物的关系中并非只存在这样一种简单的关联要素。格式塔心理学认为，人对外物的感知源于自己内在的心理感受。而心理感受亦依据人的不同认识阶段有所区别。

除物品本身的优劣性外，人对物的操作方式可以被视为人与物和谐交互的另一个重要因素。人对物采用柔性或生硬的操作方式会带来完全不同的使用效果。在洗衣机还未问世以前，洗衣的过程较现在相对复杂。人们会将衣物放入盆中，加入少量热水浸泡，之后将肥皂涂抹于衣物上，再用双手轻轻搓洗。人类灵巧的双手在与衣物的摩擦中去除顽固的污渍，这个过程非强大气力为有效，也无关去污化学物质的多少，而在于人的柔性操作与衣物本身纤维之间的摩擦产生共同的最大化作用。

鼠标制作的精良并不在于新颖美观的造型，而在于按键操作的轻柔触感。当我们用其操作计算机时，能够因其良好的触感控制而产生操作物品的满足感。

苹果计算机现在采用的键盘按键厚度仅相当于一枚一元硬币。我们在操作它时，可以明显感觉到由这种尺度关系所产生的柔性的人机操作关系。以往，我们将按键的厚度看作形成敲击反弹的一种必要形式。也许因为早期的计算机键盘脱胎于机械式的打字机，这种反弹作用力便成为我们印象中的理想模式被一直沿用下来。而当我们发现了柔性操作的和谐体验后，开始逐步接受这样一种安静的操作方式，并享受柔性操作带给我们的乐趣。

苹果计算机的键盘按键厚度 / 擦拭木桌 / 搓洗衣服

　　当今时代太多能量被消耗在行为的过程中，而人们早已习惯于日复一日大量的身体消耗。我们或许已经忘记或者从未深切感受身体与物体之间缓缓的能量流动，感受精微事物的力量显得不足。中国文化的核心思想是关于人与宇宙的共生关系。这其中主要的问题在于如何从广袤世界汲取有益的能量。是否存在一种人与物全新的对话方式？

　　擦拭木桌、搓洗衣服、洗碗这样看似无聊的生活劳作背后却蕴藏着能量的流动。看似无趣的工作其实并非无趣，只是我们屏蔽了与物交互的乐趣。人与物、人与劳动的和谐关系与能量有关。据说人类可以像植物一样直接汲取太阳的能量，不知这是否属实。但不管怎样，假如能量被有效利用，或许我们每天并不需要摄入大量食物。你曾试图通过使用产品达到能量的激活吗？你节约过自己的能量吗？

8 | 一件关于能量的设计
——冥想坐具

A DESIGN ABOUT ENERGY — MEDITATION SEAT

一件关于能量的设计

A DESIGN ABOUT ENERGY

冥想坐具　MEDITATION SEAT

主题	时间
MEDITATION 冥想	**2013** 年

　　十多年前，我开始思考一件曾经许多年都不被人理解的产品——冥想坐具。这是一件有些古怪的产品，也是一件令我为之兴奋了许多年的产品。因为我知道，在它之后，我将可以驾驭这种狂野不羁的跳跃思维朝着真正的未来行进。它是一件关于能量的产品。

　　最初的概念起源于对冥想这一行为的兴趣。我发现身边的一些朋友会以冥想与静坐的方式达到身体能量的恢复与累积。这种方式让我感到非常震惊，因为它刷新了我对能量的认识。对于这样一种陌生的行为，通常我会先仔细地观察，然后快速判断它的有效性与合理性。可以确定的是，静坐与调息能更有效地全面控制身体的能量。

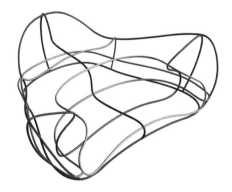

冥想坐具最初骨架结构图

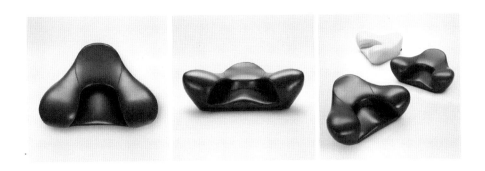

冥想坐具 | MEDITATION SEAT

人类自古便有盘腿而坐的习俗，这种坐姿中国古人称之为"居"，用以形容尊者的坐姿。这样一种坐姿的好处在于能将身体盘成一个有机整体，且身体的血液集中于人体上半身，使得脏腑与脑部供血充足，便于集中精力。古人常借这种姿势以打坐冥想，思考自然万物存在与关联的哲理。现代人虽仍有盘腿坐的习惯，却缺少一种用于此行为的坐具，因此，久坐便产生下腿酸麻的感觉。这样一个问题对于从事人机工程学研究的我来说，是一个不错的挑战。我开始思考一种用于盘腿的坐具，并希望借此开启人类身体与大脑潜能提升的另一个时代。我有一种本能的意识，那就是一切关乎人类潜能的开发均来自于对能量的理解。如果我们没有认识到能量的价值，那么将无法真正了解自我。人类自工业文明以来，极少有产品能够跳脱使用功能而到达另一层面的需求满足，这也是我对它感兴趣的原因之一。

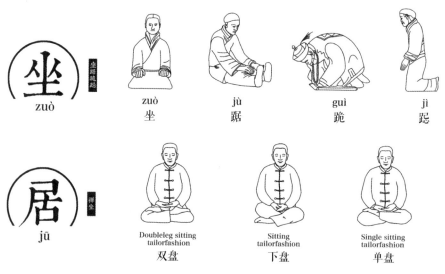

中国传统坐姿

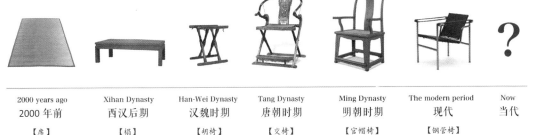

2000 years ago	Xihan Dynasty	Han-Wei Dynasty	Tang Dynasty	Ming Dynasty	The modern period	Now
2000 年前	西汉后期	汉魏时期	唐朝时期	明朝时期	现代	当代
【席】	【榻】	【胡椅】	【交椅】	【官帽椅】	【钢管椅】	

中国坐具的历史变迁

　　冥想坐具的设计过程有一些辛苦，起初很长一段时间都难以想象出与盘腿坐姿相吻合的人机形态。但好在没有人催促我，即便是不被认可的概念也可以慢慢将其实现。在这个过程中，我曾尝试过许多不同的材料，用以制作最初的人机试验模型。有聚氨酯泡沫、海绵、木头、雕塑泥等。之后发现上述材料都不能作为成品坐具的内胆使用，于是考虑干脆先设想出真正可行的内胆材料与制作方式，并以最为接近成品制作的方法完成人机模型，这样才能准确模拟最终的产品表面触感。在做了许多缩小比例的模型后，终于渐渐确定了基本形态。将模型放大后，发现内部缺少坚硬的骨架是无法完成人体支撑的，于是我开始设计内部的骨架。最初的骨架非常复杂，但呈现出异常坚实而优美的形态。为了保持舒适的坐感，我用海绵将其包裹，形成了一个乳白色的柔软团块。这就是最初的人机模型，但并非一次成功，相反，第一次的效果与最终成品相去甚远。在一次又一次的骨架制作与人机试验后，才形成了目前的造型。最初的研究过程完全没有考虑时间的要素。

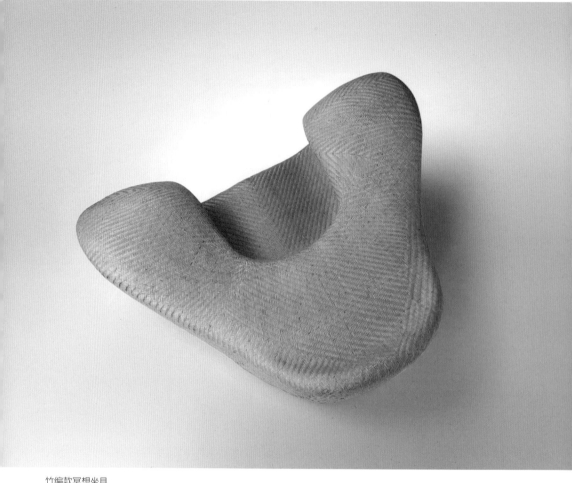

竹编款冥想坐具

　　这件作品的整个研究前后历时五年有余，直到今天它已经成为我的事务所常年的研究项目。经过长期的人机工程学测试，最终成品的尺寸已经能够在 95 百分位及以上的人群中普遍适用，全球目前除了为体育明星姚明特别定制了一款加大号的坐具外，无一例外地使用同一尺码的产品。另外，由于坐面后部微微抬起的形态，使得臀部略向前倾，背部也稍有依托。整个坐具能够帮助我们轻松保持脊柱挺直并长时间盘腿而坐。膝靠与坐面形成人体支撑的三角关系，能有效分散臀部的压力。

冥想坐具有竹编与面料两种材质的表面设计。这件产品是将文化与技术相结合的一个案例，因此获得了一些国际知名设计大奖。

设计乃是创造物的学问，其本质不在于创造了多少物，而在于帮助人们获得了什么。"功能主义"作为人们对物品的基本需要，在很长一段时间内被我们视为评价产品好坏的主要标准，而随着产品功能外延的扩大，未来我们将重新探讨更高层级的人类需求。

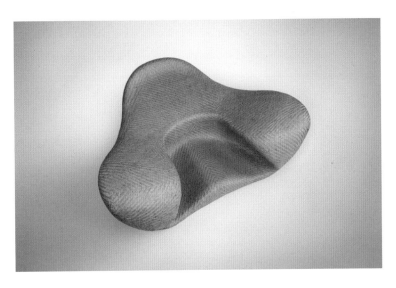

竹编款冥想坐具

膝靠与座面形成人体支撑的三角关系，能有效分散臀部的压力

9 | 对适应性潜意识的反思
REFLECTION ON ADAPTIVE SUBCONSCIOUSNESS

对适应性潜意识的反思

REFLECTION ON ADAPTIVE SUBCONSCIOUSNESS

　　有一种被我们称为下意识的行为，其实表达了人类思维的高级水平。举几个例子予以说明。小时候，当我们在洗完手后将湿手往衣服上擦时，经常会遇到阻挠。成年人总是会以"这不是好习惯"为由让我们养成在布上擦手的习惯。长大后，当我们仔细思考一下这个行为便会发现，将洗净的手在衣服上擦干是个不错的想法。原因在于，手上的水并不脏，而且衣物柔软吸水的特性正好被利用，且衣物过不了多久又会重新变干。多么好的一个创意，难道你认为用湿手去裤兜里掏出纸巾袋是个更好的方法？于是我们设想一下：假如设计一款便于擦手的上衣，即腹部面料柔软而吸水，区别于其他部分面料材质，是否也是一个不错的构想？

人经常会有往身上擦拭的习惯

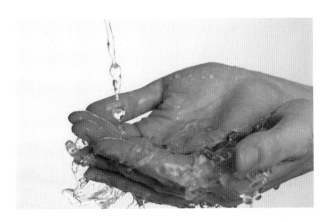

洗净的手

再问大家一个问题：假如有一粒米饭粘在你的鞋底，通常你会怎么做？我曾经在一个讲座上问台下的听众，结果大部分人都会不约而同地说，用脚底摩擦一下地面。当然，用正常逻辑思考，大部分人会选择这样做，而不是选择用纸巾擦去米饭，再找地方丢纸巾。这样类似的问题还有很多，不需要具有很高学历的人基本都能做出合适的回应。比如你不用数着楼梯小心翼翼地下楼，或者在离红绿灯还有100米时便可以快速判断出剩下的读秒是否可以通过。为什么我们总是能在大脑中预先判断各种行为的比较结果，并得出最佳选择？这或许就是我们称之为直觉的东西，它潜藏于我们意识经验的最深处。

那么，何为下意识？一般说来，下意识指人们不经意间进行的某些大脑活动，下意识行为则是经由这种脑部活动而产生的连带行为。美国学者蒂莫西·威尔逊（Timothy D. Wilson）博士[1] 将这样的下意识称为适应性潜意识[2]，即人脑对经验性信息进行快速有效的无意识分析，并做出反应的过程。威尔逊曾论述："现代潜意

---

① 蒂莫西·威尔逊（Timothy D. Wilson），1999年当选为美国心理学学会会士（Fellow of American Psychological Society），2001年荣获弗吉尼亚大学杰出教师奖，目前为美国弗吉尼亚大学心理学系教授，专长为研究态度、情绪、判断／决策、自我／认同、社会认知等，著有《社会心理学》（Social Psychology）一书。

② 潜意识（Subconscious），指意识接触不到，但会影响判断、感觉与行为的心理历程。人脑是成熟、高效率的工具，它能够对大量涌入的信息进行快速、有效率的无意识分析，并加以反应，纵使我们的意识被其他事情占据，还是能解读、评估与选择所需要的信息。例如，不论我努力尝试多久，都无法觉察到本体感觉系统或心智如何把射入视网膜的光线转换成立体视像，也无法觉察到高阶的心理历程，如我如何选择、解析、评估信息，以及决定行动目标等。

识观认为，人类心智有许多有趣精彩的活动（如判断、情感、动机等）发生在意识层之外，乃是为了效率，而非压抑的缘故；就像心理结构设计会阻止低层次的心智处理历程（譬如感官知觉）进入意识层面一样，很多高层次的心理历程与状态也进不了意识层面。心智是一个设计精良的系统，可在有意识地思考某件事的同时，通过对无意识界的分析、思考，并行众多活动功能。"[①]

不论我们是否意识到或是否承认，这种适应性潜意识有别于意识而存在，它能够帮助我们本能地处理许多信息，以便大脑腾出空间思考许多具有难度的问题。潜意识不光可以处理低级信息，也可处理许多高级信息。比如，大脑许多时候在对负面信息的处理中反映出潜意识比意识状态要敏感得多。有时我们自己也无法说清对很多事物的直觉，却有潜意识快于意识的反应，并作出身体的相应调整，进入戒备状态。

心理学家威廉·汉密尔顿（William Hamilton）曾有过这样的论述："我们意识到的东西是由意识不到的东西所建构出来的——事实上，我们意识所知是由我们不自知、不自觉的东西所构成的。"许多现象表明，人类对自身身体中所具备的许多本能反应或多或少地缺乏应有的重视。比如，人们总是将身体绕开障碍物看成是理所应当的简单动作。但当年龄增长后逐渐发现身体对物体精准的判断开始出现误差，身体某些部位时常碰撞到桌脚或是椅腿。《弗洛伊德的近视眼》一书中曾有过一个这样的案例：一位名叫伊恩·沃特曼的病人由于神经受损，完全丧失本体感觉。当他想要完成站立的行为时，只有全神贯注才能控制身体。在生活中，他需要不断地学习各种常规动作，如穿衣、走路等，但只要看不到自己的身体，便立即处于失控状态。日本学

① [美]蒂莫西·威尔逊著，《弗洛伊德的近视眼》，傅振焜译，四川大学出版社，2006.10。

便池内侧的粪便残留物难以清洁

者佐佐木正人（Masato Sasaki）[1] 曾讲述过一个类似的案例。一位跌倒撞到头的病人患上了一种所谓"高次脑机能障碍"的病，即缺失了一般人所具有的行为"预期性记忆"。以打破蛋壳为例，普通人只需敲两三下便可将鸡蛋打破，但他敲击的次数达到 23 次之多。这个看似简单的行为实则包含了人体对敲碎坚硬蛋壳这一行为结果的预先判断。这种判断可能来源于对蛋壳初次轻敲及手部触感共同作用的材料质地的估计，也可能来自于早先打蛋的经验记忆留存。但不管怎样，人们总是能毫不费力地解决许多类似的生活问题。

下面讲一个关于我自己如厕经历的适应性潜意识设计案例。

在一次排便之后，我忽然发现下水没能带走所有的粪便，便池的内侧仍粘有部分残留物。坦率地讲，我不太喜欢用便池清洁刷，原因在于用完清洁刷后仍然存在对清洁刷的清理问题。细小的纤维黏着粪便，而究竟用什么容器来清洗它呢？把它放入水池，还是直接将其放回刷桶？最终的处理办法是我巧妙地利用了自己的小便将便池冲洗干净，并用水一并冲走。由于上面的经历而产生了一个设想：为何不做一个用于小范围冲洗的器具代替尿液冲洗的本能行为？于是便设计了这个挤压式的象鼻冲洗器。它后部的手握处是一个鼓鼓的蓄水袋，将头部拔下便可加水。使用时用力按压后部便可形成急速的水流，方便冲洗残留粪便。这个设计的整个灵感来源便是"尿液冲洗"这一适应性潜意识行为。

---

① 佐佐木正人（Masato Sasaki）：东京大学大学院情报学 / 教育学研究科教授。1952 年生，筑波大学研究生院身心障害学系毕业。著有《affordance——新认知的理论》《不结束的知觉——affordance 的招待》等著作。

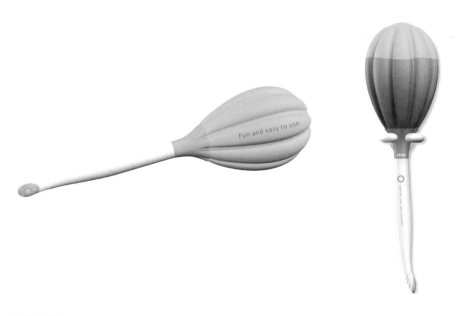

象鼻冲洗器

在我们进入设计主题的思考时，不应轻易推翻自己的下意识反常规习惯，反之，应更仔细地审视这种行为的内在合理性。人们在生活中还有许多优良的下意识本能反应，也许很久以来并未被发现，但正是人体自身不自主的信息处理，才帮助我们更好地认识了人类身体对物品使用的本能回应。

10 | 人与物的深层关系——痕迹

DEEP RELATIONSHIP BETWEEN HUMAN AND OBJECTS — TRACE

人与物的深层关系——痕迹

DEEP RELATIONSHIP BETWEEN HUMAN AND OBJECTS — TRACE

格式塔心理学曾就记忆提出过这样的假设："记忆能否完全还原为痕迹？——时间单位。"一般认为，痕迹是某种物体经过的可觉察的形迹。在环境中可以看到人的行为所留下的痕迹，正如人们在进门处脱下的鞋暗示了人的存在。我们将人与物的深层关系定义为逐渐显现痕迹的过程，也正是这种细微的痕迹加深了人们对物的记忆。

万物在彼此的相互关系中存在，也彼此留下印记。不论人与物、物与物、人与人之间都会留下各种痕迹。微观世界记录着人们觉察不到的各种信息，如人手的指纹。即便再相近的个体也无法拥有完全相同的指纹，这便是奇妙的地方。痕迹可以成为某种信息，被人们感知。但其存在形式有时是不明显的，甚至完全不被觉察。痕迹有一些特性，这些特性成为它能够被视为与物品同样被需要的价值属性。痕迹原本属于物的某种自然属性，是岁月与过程在物上的遗留。但在艺术设计中可以赋予其特殊的外在属性，使得各种产品具有更加特殊的人文意味。

痕迹具有多重价值属性。

把手被人长期抚摸产生的痕迹

时间作用下物品特性的真实反映

THE TRUE REFLECTION OF THE ITEMS' CHARACTERISTICS
UNDER THE ACTION OF TIME

首先，痕迹一般被理解为未被刻意雕琢的印记，或者说它自然记录了物被作用的过程。细微的痕迹通常难以被发现，但经过一定的时间可以较为明显地反映出表面的变化。时间会非常执着地在一切存在物中留下自己的痕迹，物体以一定的方式被较有规律地长时间作用，以至于出现了局部的结构变化。这样的规律性作用，看似渺小，有时威力巨大。我们常以水滴石穿形容做事坚持不懈的品质。就这样一个事实的描述来看，石头这样坚硬的表面却发生了令人难以想象的造型的变化，而施以变化者竟是水这样柔软的物质。从人的心理角度而言，长时间的使用所带给物的痕迹，将产生对物品恒久品质的联想。物给予人的感受，并非只有功能与美学这样简单的感受，因为这两种感受都与时间无关。而恰恰只有痕迹这样微小的属性，表达了时间要素下的物给人的第三重感受。寺庙入口处的把手，由于长久被人抚摸而产生了痕迹。这种痕迹来自于自然的侵蚀与人体表皮分泌物的化学反应这两种作用。显然竹筒坚硬的表面已发生了材质的改变，但这样残损的表皮给人的体验感受是良好的，因为它表达了其内在真实可信的质地与人们长久使用的事实。

在很多时候，物品被人们长时间使用会留下自然而合乎规律的痕迹，即便并不如最初的完整，却也具有合理的特性。磨损的鞋底虽然不美，却显现出人走路姿势的特点。穿了一段时间后的鞋才更贴合脚的形状，虽然一定程度上破坏了物品原有的正常样态，却变成物品不可被替代的真正原因。

从金属网的灼烧痕迹可以基本判断出香的燃烧姿态为水平摆放

行为方式的诱导性

| INDUCIBILITY OF BEHAVIOR STYLE

痕迹的第二重属性便是行为方式的诱导性。通过留在物品上的痕迹，可以基本判断出物是如何被使用的。美国知觉心理学家詹姆斯·吉布森提出的 Affordance 理论（提供行动条件理论），将客观环境看作能够诱导动物行为的功能体。动物总是在被周围的事物吸引，并依据周围环境提供的信息作出行为的判断。卧式香炉中的金属网原本是用来搁香的，却在频繁使用的过程中无意间留下了一条变黑的痕迹。从痕迹的形状可以基本判断出香的燃烧姿态为水平摆放。但其实金属网的孔径还提供了另一种方式——竖直插入式。两者的差别在于所留下的金属网的烧灼痕迹。在没有被提前告知如何使用的情况下，人们一般会依据所看到的痕迹提示使用物品。物品被习惯放置的位置由某种特定的符号形成固定的视觉标签。每天使用皮带所产生的特定部位的凹陷成为我们减少思考的行为引导。这样的痕迹给人们的日常生活带来便利。

人类在与自然的斗争中学会了识别痕迹。雪地里我们总是本能地沿着一串留下的脚印往前走，这种本能意识可能变为有用的设计。日本城市快速列车的站台上有一个个印着的脚印，它们既帮助区分快慢车的等待位置，也巧妙地提醒人们有序候车。

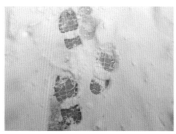

雪地里的脚印

站台上设计的脚印

隐含信息的提示性

痕迹还具有隐含信息的提示性。许多时候，我们较难发现表象背后的信息，而很多情况下原因是不同的。有的过于微弱以至于被视觉忽略了；有的本身就不可见，如温度、声音、重量、速度等要素。现代医学研究已经能够从人脸各个区域的皮肤表象准确推断出人体脏器的病症；具有特殊职业敏感的侦破人员可以从犯罪现场的蛛丝马迹推断出罪犯想要极力掩盖的真相。痕迹这种通常理解下的无意识存在正在变成能够对人类意识形成影响的行为诱导元素。而将这样的痕迹作某种清晰的显现，有时会对我们形成行为上的帮助。

其实我们都曾不自觉地应用过这种强化痕迹的原理。当我们翻阅书本时，常常将需要留意的页码边角翻折起来，以便留下寻找的痕迹。我的一位朋友在诉说她儿时的经历时，曾提到自己的床头有一个书架，一次不小心将百科全书砸在书架的搁板上形成一个磕痕，而这便成为她晚上摸黑寻找开关的一个记号。这是一个很有趣的例子，相信许多人都有类似的经历。

许多时候我们隐藏不了痕迹。冬天从热热的椅子上站起来，你会舍不得在椅子上留下的温度。而下一个人会从你留下的体温中感知你片刻前的存在，并不自觉地靠近这份温暖。岁月在我们每个人的脸上留下了痕迹，即使不愿意被觉察，却也掩饰不了曾经经历过的一切。

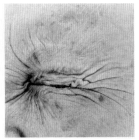

岁月在脸上留下的痕迹

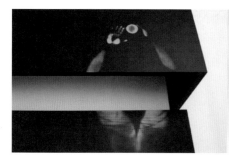

设计师 Jay Watson 设计的热敏家具

由设计师 Jay Watson 设计的热敏家具，能将你的体温痕迹显现出来。当温度渐渐退去后，家具又恢复了常态。

还有许多人为痕迹，其目的并非诱导人们产生目的性的行为，而是在一定程度上勾起人们某种记忆中的情绪。留存在物品中的痕迹表达了物被使用的历史。这种历史是使人对物产生崇拜的暗示。即便产品真实的历史并非像痕迹表述的那样，视觉的经验还是会误导人们产生这样难以被解释的快感。许多产品被做旧或仿古，便是源于这种情结。有的时候，我们会被留下的痕迹所深深打动。

物品被不断使用而产生的痕迹会增加物品的表情。为了表达物被使用过后的另一种美，我曾尝试将这样自然的美意识融入工业化的产品中。我做了一个关于痕迹的设计，那是一款表面被人为磨损的优盘。我刻意打磨它的表面直至出现让人心动的肌理效果，使它呈现出与大工业产品完全不同的艺术气息。虽然人手分泌的酸性物质会在优盘表面形成使用的痕迹，但一般来说，优盘还未被使用到这种境地时便已不知所踪。很少有人见过这样裸露纹理的优盘芯片。对产品过分夸张的表面处理是希望展示产品被使用殆尽后所呈现的另一种美感，而这种随时间流逝所带来的错过的邂逅是极其美妙的。

痕迹优盘

医院的叫号显示屏在不影响辨识的情况下避免了信息的显现

　　当然也有不希望留下痕迹的时候。有时，我们并不希望将个人信息或需要保密的信息公开，如个人银行账号、邮件接收人信息，抑或病人的病情等。比如银行里的密码输入器，早期的按键式键盘排列顺序较为固定，操作者的动作方向很容易泄露输入的密码。更换成 LED 触摸式输入器后，数字排列的顺序时刻发生变化。如此一来便能很好地去除之前输入时留下的数字轨迹。信件及记录信息的纸质材料往往也需要注意痕迹的去除，这便是碎纸机产生的原因。医院的叫号显示屏也有人性化的设计改良。病人往往不希望熟人得知自己的病情，尤其是某些特殊类型的疾病，因此，将病人名字中的某个字去掉的做法在不影响人们辨识的情况下很好地避免了信息的显现，是优秀的信息设计。

　　痕迹的概念不只存在于单体的物中。物所组成的环境也在一定程度上传达着人或自然留下的痕迹。阳光透过树叶照射在路面形成的斑驳阴影是光的痕迹；暴雨过后繁茂的枝叶底下流存一片干燥的土地，这是雨水未经过而留下的痕迹。植物总是能在各种空间的夹缝中找到自己的位置，创造生命的痕迹。道路在形成之初总能见到生长的

混乱的房间是人类生活的痕迹

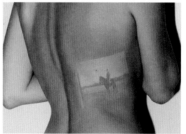

儿童玩耍时留下的痕迹　　　　法国艺术家 Thomas Mailaender 的照片纹身

植物，一次次的碾压形成日渐明显的痕迹，最终产生了我们所认为的路。微小痕迹的累积逐渐演变成自然物与人工物的分水岭。人类世界所创造的物，整体构成了我们所生活的世界。但并非由人工物所组成的环境不会表达出类似于自然一样的随意。人给环境留下的痕迹一样具有被感知性与行为诱导性。人们生活的房间在常态下最易流露出居住者的特质，也能够对进入空间的陌生者发出情感的信号。对于一间凌乱不堪的居室，我们很难从局部分析出整体屋子的功用，但已能基本看出主人至少在某个时段的生活状态。痕迹显现并非通过单一物体达到的，而是通过不同物体之间的相互关系来传达。整体环境营造的氛围能够诱导人们产生行为的动机。

　　由人类的自身行为所导致的痕迹，能够使人产生不同的情感体验。孩子们爱玩耍的天性总是会在不经意间留下痕迹，有时给成年人带来很多麻烦，但同时也给他们带来轻松的感受。人类的皮肤在受到外界的挤压或太阳的暴晒后也会显现出痕迹。虽然大多数时候我们并不希望自己的躯体受到外物的改变，但某些时候也会对身体所产生的变化感到欣喜。设计师的职能就是在生活中将这样不经意间的快乐传递给人们。

　　痕迹体现了人与物的深层关系。它不单提示人们行为的线索，也很好地传递了人类文化，将历史信息记录下来并告知于人。它能使人们感知周围关系的存在并给予人们内心温暖的感受。痕迹无处不在。

11 | 设计并非物

DESIGN IS NOT AN OBJECT

设计并非物

DESIGN IS NOT AN OBJECT

以细微的审视评价物的存在意义，与设计相关联的要素并非只有构成使用功能的具体物件，还有连同与其发生密切联系的生活行为本身。"设计"，维基百科对它的解释为："依据一定的计划和框架对物或系统所做出的结构创新。在一些案例中，关于物的结构导向也被称作设计"① 。而关于这个定义的两种阐述并未明确指出其具有物化的绝对特征，即这种具有一定目的和计划的再创造过程与物品的产生并不具有直接联系。

一次在与朋友的聊天中无意说到洗脸的问题。自从洗面奶问世以来，许多人改变了以往的洗脸方法。从前，因水池需要承载洗脸、洗碗、洗菜等多重功能，而肥皂也较为昂贵，故人们一般习惯将脸盆盛水后放置在水池内与毛巾配合完成洗脸这种生活行为。后来，我们有了洗手间，有了干净的洗脸台，也有了洗面奶之类的清洁剂，于是许多人开始用双手接水直接清洗面部。大致的过程可被分解为：将龙头打开并打湿脸部，之后关上龙头并挤出洗面奶，涂于面部，接着用双手按摩面部以将洗面奶均匀涂抹于整个脸上，最后再一次打开龙头，用双手多次接水完成面部清洗。通过比较不

---

① 原文为：Design is the creation of a plan or convention for the construction of an object or a system (as in architectural blueprints, engineering drawings, business processes, circuit diagrams and sewing patterns). Design has different connotations in different fields (see design disciplines below). In some cases the direct construction of an object (as in pottery, engineering, management, cowboy coding and graphic design) is also considered to be design.

使用洗面奶洗脸

难发现两种洗法的区别。用毛巾洗脸时，毛巾的纤维会反复摩擦脸部皮肤，这样会形成脸部毛细血管的血液循环。而脸部的血液循环又会有利于抑制皮肤油脂的分泌并保持皮肤的紧致。与用毛巾相比，用手接水洗脸有几个不足之处。首先，当我们用双手接水洗脸时，龙头的水流有一半以上会被浪费；其次，这样不能很好地进行脸部按摩；再次，毛巾不下水，时间久了便会滋生细菌。

从上面的例子可以看出器具的进化与行为习惯的变化不一定能产生完全优于从前的健康生活方式。而保持现有器物中深层的优良特性且改进器物的不足往往能产生更好的效果。

使用毛巾洗脸

斯希普霍尔机场的"苍蝇"小便池

再来看一个例子。荷兰阿姆斯特丹的斯希普霍尔（Schiphol）机场曾因为男士小便器周围频繁的清洁工作而大伤脑筋。为了解决这个问题，荷兰机场一度以设计竞赛的方式向社会征集创意。最后的获胜者只用了一个小小的道具便解决了这个难题。他在便池里设计了一个苍蝇的图案，利用男士小便时会下意识地对准目标物的行为本能，很好地回避了产品大规模重新制造的弊端，并使小便外溢现象大幅减少。全世界许多国家相继效仿，并产生了印有苍蝇、蜘蛛、总统头像等被瞄准物的贴纸产品。

这位设计师产生此想法时的状态不得而知，但这个设计确实很好地利用了人们的本能意识解决了问题。

每一个人都可以成为设计师，虽然大部分人并未经受过设计的训练，但他们将物品进行功能的重新定义并实现最有效的配置，这一过程其实就是设计。你可以任意选择将买来的产品放在哪里，或干什么用。比如你可以用一个杯子来喝水，也可以将它变成一个笔筒。你可以将椅子用来坐，抑或把它当作登高作业时的垫脚凳。

人们对产品的选择与设置往往反映了人们内心对生活的看法。比如桌子这件物品所表达的意义就不简单。圆形的桌子具有聚合的力量，且具有使每个个体平等的特性。若围着大圆桌讨论问题则有助于形成共识与缓和气氛。同样，将餐桌或将书桌放在家庭活动的中心可以看出家人对生活与工作的态度。

有时人们对一件产品的使用会采取与通常理解不一样的方式。比如电视机的使用。日本对独居生活的学生进行问卷调查后发现，大部分学生回到家后首先做的事便是打开电视机。这样做的目的不是为了收看特定的节目，而是让电视放出的声音使自己产生有人陪伴的感觉。借由电视被调好的特定音量，加上电视发出的光线，使人产生安心感。似乎一家人坐在电视机前其乐融融的景象深深印在每一个人的心中。美国认知心理学家唐纳德·诺曼（Donald Arthur Norman）[①] 曾这样评价家的设计："一个空间只能由它的居住者来制成一个空间，设计者能够做的最好的事情是把工具放在他们的手中。"每个人在看待与对待其所有物时必将产生属于他自己的行为痕迹。也只有最适合其自身需要的产品类型及组合方式才是最好的设计。

　　设计的目的是帮助人们解决问题，消除痛苦，使人们达到理想的生存状态。这其中涉及的许多问题并非产品能够解决，或者说在没有弄清楚问题的本质前盲目动手并不能有效解决问题。相传中国古代有一位道士，发明了将芝麻九蒸九晒的吃法。简单地说，就是将芝麻蒸熟后晒干，用水淘去沫再蒸再晒，如此反复9次。再将其去皮，炒香，打成粉末，用白蜜或枣膏调和成丸，每日用温酒送服1丸。据说常年服用可除顽疾。这样一种传承的文化所对应的器物或许并不平常。面对古法，当代人可以用到的器具非常有限。假若我们将设计的源头追溯到事理本身，则将产生完全不同的创造。记得曾有朋友与我说过豆浆制作方法与营养成分多少的关系。据说古人用石磨磨豆能够很好地保留豆子的营养，而若是用现代方法，将豆子放入料理机快速打碎，会破坏其中的营养成分。不管是否真是这样，至少我们看待事物的角度与我们得到的结果有着密不可分的关联。

[①] 唐纳德·诺曼（Donald Arthur Norman），美国认知心理学家、计算机工程师、工业设计家，关注人类社会学、行为学的研究。代表作有《设计心理学》《情感化设计》等。

设计活动的本质目标，应该是帮助人们建构优良的生活方式，而非产生更多的物品。设计的过程既包含物的设计，也包含对人类行为方式的再设计。有时我们只需通过调整行为的先后顺序便可达到产品优化使用的目的；有时我们需要看清事物的本质并制定正确的方向；有时我们需要调整的则是内心看待事物的角度。许多情况下，产品功能优劣的评价标准随着时间的推移不断发生变化，当下功能完美的产品可能在未来会暴露出新的问题。唯有良好的价值观与探索生活的不竭动力能够使我们保持对设计的清醒认识。

12 | AFFORDANCE
与提供行为之条件

AFFORDANCE AND THE CONDITIONS
FOR PROVIDING BEHAVIOR

AFFORDANCE
与提供行为之条件

AFFORDANCE AND THE CONDITIONS
FOR PROVIDING BEHAVIOR

詹姆斯·吉布森是美国著名的知觉心理学家，他提出的直接知觉论[①]（Theory of Direct Perception）试图从生态心理学角度解释人与物之间的深层互动关系及其原理。他在 1979 年出版的《生态学的视觉论》（*The Ecological Approach to Visual Perception*）中，首次提出了 Affordance 理论，此理论强调生态环境中动物本能知觉物质基于环境给予的信息。环境中包含的价值与意义不论对动物是否具有益处，均为其提供行动的条件。不同的物与环境为动物提供不同的信息，动物依赖这些信息对周围环境进行相应的行为反馈。吉布森本人对 Affordance 一词的描述为："Affordance 是指环境提供给动物的各种可能性，它暗含了动物与环境的互补性"，以及"一个 Affordance 是多个变项的一种固定的组合，借由这种固定的单元，它比各个分开的变项更容易被察觉"。且我们所感知到的环境因素只是作为其外观特征存在，并不代表其结构。举例来说，地表具有水平、平坦、广阔、坚硬这四种物理特性，

[①] 吉布森的直接知觉论（或称生态知觉理论），采用与别的知觉心理学家完全不同的角度展开研究。他认为观察者通过在环境中的移动会产生一个连续变化的视觉排列，这不仅仅是他的深度知觉解释的中心，而且也是他对形式、大小、距离和运动知觉的中心。他排斥所有以图片和错觉为基础的研究，而且排斥将知觉作为思维对视网膜上的二维图片的不完整信息进行解释的所有理论。他认为图片形式的知觉与自然的知觉方式是完全不同的。简单地说，知觉不是对一种降格视网膜图像的解释过程，而是通过光学排列和光学流动直接和真实的现实体验。吉布森相信，知觉是全部心理学的支柱。生态心理学是以动物对地点、事件和物体的有用或危险特征的意识为基础的，也是以其对自己的动作进行组织和控制，以达到其在现实世界里所追求的结果为基础的。

且同时兼具对动物身体的支撑条件，动物甚至可在其上行走、奔跑、跳跃。地表提供了动物在其上进行活动的 Affordance，不论动物是否感知到或是否接受。

对"坐"这个行为进行分析。首先，水平、平坦、足够的面积、表面材料具有承受性成为提供"坐"这个行为的基本 Affordance。比如，森林中被砍伐的若干个木桩，若其中一个相对具有较为平整且宽大的表面，则可能被视为暂时停歇用的坐具。不论何种动物，平坦的树桩均为其提供了"坐"的行为条件。这是由于其基本满足了此项行为的功能。而行为者又须感受到"坐"在对象物上所具有的安全感，此项条件作为更高一层的 Affordance 存在。如猴子由于体型较小，且不具备反抗大型猫科动物的能力，故它们通常并不愿意长时间暴露于较低位置的显眼处，而会选择树枝作为"坐"的器具。这一点又说明不同的动物依据其自身特点在解读环境后所采取的行为并不相同。另一方面，动物是否能依据肉眼所看到的来判断 Affordance？这一点将取决于动物关注环境的范围及综合判断信息的能力。在机器人认知科学的研究中，人们发现人脑区别于机器的一个显著能力在于对环境所提供的危险信息的预估性。人类具有机器所没有的对潜在信息综合处理并做出快速反应的能力。这种综合判断事物之间复杂联系的能力成为 Affordance 研究的价值所在。再对"坐"的行为作更深入的分析。草地能够为动物提供"坐"的 Affordance，而在森林的水潭中漂浮的浮萍，许多时候具有与草地相似的外观特征，但多数的动物通过本能便能判断其与真实草地的差别。这里存在其他几种 Affordance 因素的可能。一种是浮萍中隐约出现水的痕迹，这一现象将提示动物此表面真正的物质特性。另一种是浮萍与草地的高差提示动物此表面可能产生水的积聚而并非统一的坚硬地表，因此，若将动物关注环境的范围缩小到浮萍的局部，则可能产生对 Affordance 的误读。[1]

---

[1] 引自 *The Ecological Approach to Visual Perception*, James J. Gibson, Psychology Press Talor & Francis Group, 1986.

森林水潭中漂浮的浮萍许多时候具有与草地相似的外观特征

微设计——造物认知论

被打破的车窗

1969 年美国斯坦福大学心理学家飞利浦·金巴尔德（Philips Jinbaerde）研究得出的破窗理论便是极好的例证。他的实验是将汽车的车牌摘掉，引擎盖打开，然后离开。在不同的城市区域表现出不一样的结果。若是在贫民区，则车上的部件少得很快，而在富人区，过去一周后仍未发生改变。但若将一扇车窗打破，则无论在哪里都有人偷走车上的东西。这说明人在得到客观环境的信息提示后会产生趋势诱导的行为惯性。

用 Affordance 理论指导设计实践时需要厘清的主要问题是：如何尊重并运用环境给予的信息以引导出理想的人类行为模式？且如何将其应用于设计？几位将 Affordance 理论应用于设计的先驱，如唐纳德·诺曼与克里潘多夫（Krippendroff）等人，虽然将此概念导入设计，但也并非完全建立在吉布森直接知觉论的基础之上，而是加入了大脑认知科学的主张。诺曼在其著作《设计心理学》（The design of everyday things）中特别强调了 Affordance 理论在设计中的应用问题，但当时并未过多提及将它运用于产品设计的具体方法。其研究领域更侧重于产品虚拟界面设计中的人机互动问题。美国计算机科学研究者哈特森（Hartson）于 2003 年提出 Physical Affordance 的概念，具体指能够提供有助于使用者操作的 Affordance，例如，一个足够大且置于容易使用位置的按键，容易让使用者按压，而足够大与易于使用的位置即操作界面按键设计的 Physical Affordance。

许多设计师对 Affordance 的误读在于希望借助设计努力达成对使用者的行为诱导。而从吉布森提出 Affordance 的本质来讲，其信息提供的本意并非对动物产生行为的诱导，只是客观上具有提供行动条件的可能。这样一来便可产生两种截然不同的设计策略。一种是依据目标努力促成设计对使用者的诱导；而另一种则是为使用者提供不同的行为选择性。依据两种策略所针对的不同情况，我们将选择具体的使用场合进行分类运用。比如，当产品涉及使用者安全性的问题时，我们希望借助 Affordance 来产生对使用者行为有益的引导。这种引导可能具有一定程度的行为强迫性，而目标则是实现安全有效的产品使用。汽车上的安全带装置经常与报警器相连。假如驾驶者未在规定行驶范围内使用安全带，警报就会响起并督促人们完成操作。而为使用者提供不同的行为选择性也同样具有现实意义。这里的多样选择性又包含不同的方向，既可以追求功能的多样化，也可以发出少而等待解读的信息。许多产品即便包含了多样化的功能，也往往无法满足人们多样化的需求。原因在于不同个体具有不同的环境信息解读方式。拿一个容器来说，它既可以装食物，也可以插笔，同时也有人单纯欣赏其表面的花纹，抑或有人拿来当作烟缸使用。其功能特性只依据特定的使用场合而存在，因此，当我们为富有创造力的儿童设计户外游乐器具时，便需要考虑其能够具有多种被解读的可能。因为儿童往往会以我们意想不到的方式玩耍，当然也需要考虑在异样玩耍过程中可能导致的危险。

值得注意的是，吉布森的直接知觉论暗示了人类的各种改造客观世界的活动均基于对环境信息的解读。而人类面对的客观环境正逐步被自我生存活动所改变，由此得出人类的行为判断具有相对的滞后性与客观条件的制约性。而人们所感知的外部环境并不是内在结构的真实反映，因此，对环境信息的解读可能产生错误。假设部分人群所接受的环境信息并不准确，则可能发生连锁性的信息传递错误。而这个时代个体对信息解读方式的不同客观上有利于事物发展方向的修正。

13 | 极致简约的美学原理
THE AESTHETIC PRINCIPLE OF EXTREME SIMPLICITY

极致简约的美学原理

THE AESTHETIC PRINCIPLE OF EXTREME SIMPLICITY

早在 20 世纪包豪斯建立之初就已经开启了对功能主义的美学认知，由密斯·凡·德·罗最先提出"少即是多"的思想，从本质上回应了设计的核心价值问题。而 20 世纪 20 年代，几乎在与包豪斯建立的同一时期，现代意义上的消费信用产品已开始在美国出现。美国民众的个人债务已在个人收入中占据一定比例，并因此产生了次贷危机，引发了美国从 1929 年开始的经济危机。20 世纪 20 年代末的这场经济危机使得企业为了生存而将"生产至上主义"转为"消费主义"。[①] 在经济陷入危机并急需抓住一根救命稻草的时候，美国适时选择了以新的价值观引导人们新一轮的消费性投资。"新消费—新投资—新生产—新就业"成为当时经济解困的"妙方"，也由此产生了早期的消费主义思潮。这种思潮也成为当今时代断舍离[②] 思想风行的一大诱因。究其深层原因，实则为人类对消费主义时代人性迷茫的深刻反思与强力拉锯。

---

① 从 20 世纪 30 年代开始，美国政府采用了经济学家凯恩斯的主张，实行扩张性的经济策略，通过扩大需求来促进经济增长，并出现了消费高潮。起初以推行"大建筑"的方式增加税收、就业，再加上由于原材料需求而导致的经济刺激，之后逐步施行了"有计划的商品废止制"和"设计追随销售"的商业政策，形成了社会的消费风气，以此摆脱了经济危机带来的财政紧张。
② "断舍离"是日本杂物管理咨询师山下英子提出的概念：断，不买、不收取不需要的东西；舍，处理掉堆放在家里没用的东西；离，舍弃对物质的迷恋，让自己处于宽敞舒适、自由自在的空间。

到了 20 世纪 60 年代。极简主义（Minimalism）作为一种意识形态被提出。起初它源于一种艺术形式的表达，意在极少化作品作为文本或符号形式出现时的暴力感，开放作品自身在艺术概念上的意象空间，让观者自主参与对作品的建构。日后其影响涉及文化艺术的各个范畴，设计、音乐及文学无不受到其巨大的冲击。

以极简主义作为美意识基础的设计师，东西方都不乏其人。德国家电品牌 Braun 的前首席设计师迪特·拉姆斯（Dieter Rams）曾提出的"少，却更好"（Less, but better）的设计理念，将建筑师密斯·凡·德·罗"少即是多"的思想引入产品设计的领域，以消除视觉累赘的方式抵抗流行时尚的冲击。对当今极具商业价值的苹果公司的产品设计可谓影响深远。

日本设计师深泽直人（Naoto Fukasawa）与英国设计师杰斯帕·莫里森（Jasper Morrison）曾在 2006 年以"Super Normal"（平凡至极）为题，展示日常用品的平凡美学。这些产品虽被人们熟知，但并不耀眼。深泽直人善于将极简的美意识融入设计，以挖掘产品表面"张力"的最大化，带有让使用者自行解读产品意义之目标。他所阐述的简约含义包含两层意思：其一为一件物品能够为人们提供不止一种行为条件的可能；其二是物品的美意识应被较好地隐藏于简洁的外表之下而不至于引起过度的注意。

再看以简约主义设计闻名的斯堪的纳维亚风格。北欧人将德国崇尚实用功能的理念与其本土的传统工艺相结合，由于受到自然环境的深刻影响，其设计中往往蕴含着绿色与可持续的理念。大量的原木色材质运用成为其极简的显著特征。这种美意识与东方的极简哲学的出发点是不同的。比如日本极简美学受到禅宗哲学的影响，他们把安于贫乏称为"侘"。这是一种关乎道德的美学意识，即珍视简朴的美学价值，并以此达到精神上的平和与卓越。另一个影响日本美学信仰的传统概念是"涩"（音

Shibui）。"涩"是由所谓通过微观美学手段来表现崇高境界的佛教禅宗特有的概念推导而来的。从其字面上可理解为"趣味上的收敛、简约、雅致和不炫目"，是为了达到神圣目标而刻意选择节俭的方式。

再来看中国。在中国，早在春秋时期很多思想家的著作中就有了简约思想。成语"由博返约"，出于《孟子·离娄下》中"博学而详说之，将以反说约也"之句，意思是说学习研究由博然后到精深最后升华到简约。孔子在《乐记·乐论篇》中也有"大乐必易，大礼必简"之说，说明简易就是美。中国极简美学的许多产品一直被沿用至今。筷子，古人称为"箸"，是中国的一大发明，据传早在商代就已有使用筷子的记载，距今已有 3000 多年。《周礼》曰："子能食食，教以右手"。就是说孩子到能吃饭的时候，你一定教他用右手拿筷子吃饭。两根纤细的木条可以通过夹、扒、挑、引、搅、叉、滤等多种功能实现将各种食物送入口中的行为。"天圆地方"的造型既方便饮食，也可将其平稳放置，颇为巧妙。

在中国古代器物中，唯明式家具与宋瓷堪称两大造物的美学巅峰。明代家具不论硬木、木漆抑或柴木家具，造型均简洁优雅，没有过多的装饰。而宋代瓷窑中的官窑瓷器多是青白素色，并无装饰。器物的美学特征也在一定程度上代表了古代社会举国的审美意识。

在各种文明或者文化的高峰期，人类都试图使自己从多余和烦琐中解脱出来。我们可以在建筑、艺术、音乐甚至技术中看到这种现象。从这些烦琐中解脱出来可被视为一个成熟的过程。而在消沉期，艺术的表达手段通常会以相反的方式隐藏起来，用装饰的诱惑代替创造。

一种看法认为物质时代激发了人们内心的占有欲，当人们拥有很多物品时，总是希望得到更多，随之而来的是内心极度的空虚。简化物的存在有利于将人们的注意力从渴望的事物转移到正在拥有的事物上，以此使得自我的内心趋于平静。

比利时艺术家 Axel Vervoordt 的"侘寂"空间

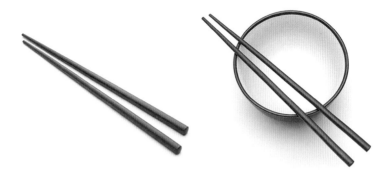

筷子"天圆地方"的造型既方便饮食，也可将其平稳放置，颇为巧妙

14 | 一只倾斜的杯子

A BEVEL CUP

一只倾斜的杯子

A BEVEL CUP

倾斜杯　BEVEL CUP

主题	时间
HEALTH 健康	**2011** 年

　　2011 年，我设计了一个杯子，取名倾斜杯。这是我刚刚做微设计研究时所设计的一件产品，所选取的对象是生活中常见的日用品。一个杯子并不是容易设计的产品，这并不是说想要将它的外形变得漂亮一些很困难，而是说若在不增加基本形体要素的前提下要将产品的功能提升就不是很简单了。对于一个天天都会看到的日常产品，可以说我们对它无比熟悉，但对于使用它的整个过程，我们未必有想象中那么了解。举例来说，东西方人对饮用这件事的理解有所不同，由此催生出了不同的杯子。东方人爱品茶，尤其喜爱泡茶的仪式。由这种优雅而恭敬的行为方式逐步演化出相对应的饮茶器具，这样的杯子自然不像一般的杯子。西方人喜爱喝咖啡，并需要用小勺将糖与奶进行混合与搅拌，那自然也少不了杯子下面的托盘了。现代人喜欢在工作之余买一些外送的咖啡或奶茶来喝，对于这样的一次性杯子，人们也设计出了符合人体工学与卫生需要的精美的杯盖，人们可以一边走路一边喝饮料，不用担心饮品的洒落。假如是热饮，还必须考虑到杯身的隔热性能，选用适合的材料。

倾斜杯 ｜ BEVEL CUP

如果只是一个普通的水杯，也有我们不太能想到的问题。比如东西方人在饮用水量上略有差别，因此，在杯体的容积问题上需要考虑人体的最佳饮用量。而泡茶的人总是希望茶水在放置不喝的时候不会快速变凉。如此种种的问题会在我们设计一个杯子时漂浮于我们的头脑中，而找到问题的痛点也变得非常有意义。

我有一个黑色的茶杯，它给我一种奇怪的体验，每一次当我用它泡茶时，总能感觉到茶叶在里面散发出比起玻璃杯或其他颜色的杯子更为醇厚的香气。我曾反复比较不同的杯子，并试图说服自己这是一种错觉，但感受依然没变。直到我看到宋代人只用黑色建盏装盛茶汤品鉴，才意识到黑色对饮茶来说是独具含义的。

在思考倾斜杯的设计方案时，我首先观察喝水及其相关行为可能产生的问题。这里可以考虑的点有很多，比如多大年龄的人喝水，喝的什么水，喝水时的动作，喝完后放下的过程，杯子放置的位置，杯子的使用场所，杯子的洗涤，杯子的沥干，杯子的叠放，杯子的保温，杯子的容量，茶叶的样态，握感的舒适，是否稳定，是否安全，以及与茶包、勺子等物品的配合关系等。也就是说，杯子并非只是独立存在，它的最终样貌取决于它与周围其他事物发生的关系。

最终通过对多个问题的仔细思考后，我将杯子的新概念锁定在如何保持口部清洁的问题上。通常我们在洗净杯子后总是倒扣过来将其沥干，而这时杯口会触碰桌面，形成二次污染。但如果我们不将杯子倒放，又如何将杯子里的水沥干呢？

这里有一个基础是我们需要始终抓住的，那就是不论怎样都不能把一个简单的杯子变得复杂。我们只能在有限的范围内适当改变杯子的形态，以求解决问题。通常的考虑可能是用钩子把杯子倒挂起来，使得杯口不碰触桌面，但这样会增加与杯子无关的东西，且必须有可以安装钩子的其他物件或墙壁。

倾斜杯的两种使用状态

能否对把手做一些改变？其实不难想到将把手做成可以斜向倒过来站立的姿态，既能沥水，也使得杯口不碰到桌面。但接下来涉及的几个问题需要解决：首先是杯子的重心问题，如何能让杯子以一定的角度站住不倒？再者，把手形成这样的角度是否还适合人手抓握？整体形态是否还会简洁美观？

杯子倒扣时杯口会触碰桌面

杯子正放时杯内会落入浮尘

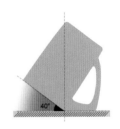

杯子倾斜的角度

带着这些问题我开始了设计，并逐一排除方案。有时我们的大脑就像幻灯机，不停地出现并快速更替影像，能够被我们挑剔地保留下来的方案其实并不多。在一一解决了重心问题、人机问题、美学问题后，新问题接踵而来。在与陶瓷工厂的实际配合中，我发现，把手的平整度在陶瓷烧制过程中很难控制，但它又是确保站立稳定性的决定因素，因此，尽可能将它做得宽一些可能是解决问题的唯一方法。但就目前设计的形态来看，若希望把手在杯口沿处直接下斜，其宽度在理论上只有达到一定程度才不至于突破杯口自身弧度所带来的放置最低点，因此，如果要保持这样的造型，只能在烧制工艺上有所提升了。在走访了大半个中国的优质陶瓷厂家后，终于解决了工艺的问题，最后才得以将最终的成品呈现给大家。

之后在倾斜杯的基础上我又有一个附加的设想：假如做一个单独的把手，可否为不带手柄的杯子解决倒着站立的问题。但不同的杯子大小不一，形状也不同，有的甚至上大下小。这个把手如果能够解决不同杯体的通用问题是最理想的。这么一来，能够使用的材料已经不多，最为可行的应该是金属材料了。在观察了一些杯子的形状后，为了能使手柄符合不同款式的杯体，我将把手做成了前端带有齿状套环的结构。套环的末端开口，可以使整个环状部分伸缩变形，这样便可依据不同的形体进行微调。

最终，倾斜杯成为第一个成功量产的微设计。它像一个初生的小孩，我望着它时有一种说不出的激动之情。它的边上是一桌子各种各样的同胞兄弟。

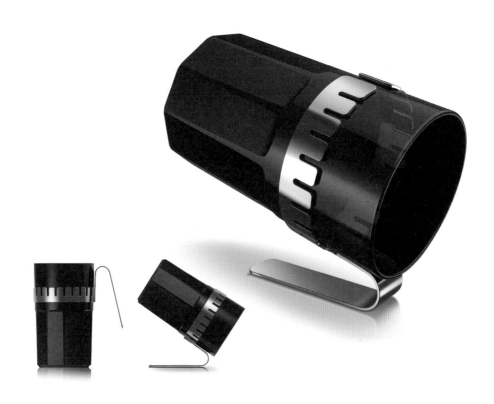

带有齿状套环的把手

倾斜杯 | BEVEL CUP

15 | 不可见的设计

INVISIBLE DESIGN

不可见的设计

INVISIBLE DESIGN

　　人们经常希望将事物以彰显的形式来表达，不知是否有对立彰显的设计系统存在，如果有，相信它应该是面对未来的一种存在。纷繁靓丽的世界使得人们探寻美的努力变得贬值，充斥其中的美物叫人躲避不及。人类自古便有精致繁复的美学认知，到了现代却又不约而同地进入工业极简美学的评价体系，可见审美评判的标准随着文化与技术的引领而变迁。我们的世界已经进入信息扰乱的时代，人们开始寻找属于自己独立领地的不被打扰的权利，这样的一种需求，已经可被想象成对设计的更高的展望。

　　我买鞋的时候有一个独特的爱好，喜欢鞋底在走路时不与地面发出摩擦的声响。因为那能给我带来安静，而我也确实有不少这样的鞋。后来我逐渐发现，这样的鞋有一个共同的特点，就是去除了鞋身上不该有的一切形态装饰，只强调鞋与脚的贴合感受及走路时鞋底与地面的"相处"方式。这种看不见的设计是设计工作追求的高境界，为我们带来人、物与环境三者之间真正的和谐。许多产品其实都在这些看不见的地方体现着设计，比如手指触摸手机按键的震动反馈，鼠标被点按时的回弹幅度，面料舒适的皮肤触感等。每一个个体感受能量的方式是不同的，好比有的人喜欢打字机强烈与清脆的回弹，有的人却喜欢温柔无声的操作，在不被关注的情形下悄无声息地完成工作。人类众多种族与基因所对应的个体差异实则是存在的，各种不同的行为方式与生活习惯使人们各自拥有不同的物品需求。我有一个皮质的钱包，是在东京参展时偶

便于随身携带的皮质钱包

然购得的。它起初引起我注意的原因在于它内部用于夹住纸币的金属夹。由于中间少了一层皮质的隔层，使得钱包可以放入不少物品却始终不会变得太厚，非常便于随身携带。这样的设计虽体现为形态的变化，但其设计的用心是需要体会与捕捉的，非常可贵。

环境中包含各种被需要的信息及可被利用的"天然设计"。

从对环境的理解上讲，其含义指除自我外一切存在的事物，也隐含了各种可以被利用的功能。动物从环境中获取信息，也从环境中谋得生存的手段。人类与生俱来便具备与动物一样的求生本能，也具备将环境要素变为可用物的能力。即使是没有受过任何训练的人也知道如何利用身边的物品达到方便使用的目的。比如，登山者随手捡起的树枝成为帮助行走的手杖。人类似乎从出生时便具有这种对物的价值判断能力。

两个座椅之间形成的夹角正好成为放置头部的最佳位置

　　生活中所需要的功能并非通过完整的产品才能实现。物与物形成的相互关系往往也能被人所用。人们在运动的车厢中时常需要借助靠枕才能入睡。而两个座椅之间形成的夹角正好成为放置头部的最佳位置。当座椅调回正常状态后，完成此功能的"产品"自然消失，不产生任何多余的问题。我们在使用筷子时，经常将它搁放在两个餐盘的交界处。这个下意识的举动也许并不被人们在意，但事实上它却很好地替代了搁筷架的功能。当餐盘撤走时，此功能也随即消失。这是不产生新的产品也能巧妙实现功能的"关系"。

我们在使用筷子时，经常将它放在两个餐盘的交界处

玻璃门边突起的橡胶块正好实现短暂保持开启状态的功能，人们利用小石头与圆点之间的高差形成障碍

　　另一个例子也很有趣，这是一种可以被有效利用的缺省结构。公寓门口为了将玻璃门时刻关上而设置了用于限制开合角度的橡胶脚垫。这给需要频繁进出的使用者制造了麻烦。玻璃门下方突起的圆点肌理正好可实现短暂保持开启状态的功能。人们利用小石头与圆点之间的高差形成障碍，有效地解决了这个问题。同样地，在完成上述功能后，亦不产生多余的产品。地面的圆点肌理粗看之下作为装饰性的图案存在，而当遇到需要时却发挥出有用的价值，这便是产品消隐于环境的案例。

左右两扇门呈现一前一后的状态时，多数人会下意识地选择轻推左边部分而稍拉右边部分，以最为省力地形成让身体通过的空隙

如前所述，人类解读环境信息的能力与生俱来。之所以称吉布森的理论为直接知觉论，是因为其强调人类下意识感官的本能性判断。即便利用人类理性判断的语言信息出现，这种直接知觉依然显示出其信息捕捉的优先性。我曾去过一家餐饮店，发现它的大门具有隐形的信息传达。门的把手不具备拉的行为条件，且门的体量厚重，拉动较为不便。当左右两扇门呈现如图所示的轻微前后状态时，我发现多数人会下意识地选择轻推左边部分而稍拉右边部分，以最为省力地形成让身体通过的空隙。虽然把手上方已出现"拉"的语言引导信息，但当两扇门的位置齐平时，大多数人还是依照身体本能的引导推门而入，即便这样做已违背信息的提示。从更深层的心理分析，人们会下意识地感到这种结构状态意味着多数人以推的方式进入才在客观上形成了这样的物态，可见人类对环境信息的直接知觉具有强大的本能性。

环境中包含的可用物虽然提供了人们需要的功能，但是并不彰显其重要性。对它们的利用程度依据每个个体而有所不同。或许这样的方式更让我们联想到人类含蓄而文明的表达方式所具有的魅力。

16 | 从现象学看设计的
美意识存在

VIEWING THE AESTHETIC CONSCIOUSNESS
OF DESIGN FROM PHENOMENOLOGY

从现象学看设计的
美意识存在

VIEWING THE AESTHETIC CONSCIOUSNESS
OF DESIGN FROM PHENOMENOLOGY

设计自出现以来便承担了美化生活的责任。在工业文明到来之前，人类用手工对物进行修饰。由于工作的精细与复杂，设计从某种意义上被看作与使用功能无直接关系的装饰性元素。那时的人们虽对美有着统一的认知，但并不把它与功能对应起来。包豪斯开启了现代美学的新纪元。自此以后功能被列入美学的评价体系加以讨论。出于某种需要，人们似乎并不排斥将视觉感官之外的其他因素加入进来。事实上，对美的定义也并非局限于单一的视觉作用。维基百科对美的定义是："某一事物引起人们愉悦情感的一种属性。""愉悦情感"在不同时代所对应的内容是不同的。当创造美的手段不再成为奢侈时，激起人们内心愉悦的要素是什么？

以设计博取愉悦的方式诚然有许多，假若将设计大胆置于式微的角色，是否就会削弱其所具有的美学意义？

由埃德蒙德·胡塞尔（Edmund Gustav Albrecht Husserl）始创的现象学[①]，一个世纪以来影响到人类精神生活的各个层面。简言之，现象学的基本精神就是"回

---

① 现象学（Phenomenology）是 20 世纪最重要的哲学流派之一，由德国哲学家胡塞尔奠基于 1900 年，胡塞尔深受波查诺（B. Bolzano，1781—1848）之"真理自身"，即超越时空与个人之绝对又普遍的客观存在者的理念的影响，而提出对意识本质的研究，或描述先验的、绝对的认识之根本与法则，他称之为"现象学"。

到事情本身[①]"，现象学最独特的核心就是本质直观和先验还原的方法，主张回到生活本身，从事物的体验得到直观感受，而并非将意识建立在虚幻的想象中。而现象学美学则是把现象学的基本精神与方法运用于美学领域。其代表学者米盖儿·杜夫海纳（Mikel Dufrenne）[②]在《美学与哲学》中曾说，艺术作品"期待公平对待它的知觉。这就是说，它主要是作为知觉的对象。它在完满的感性中获得自己完满的存在、自己的价值的本源"。他将鉴赏判断与"表示我们的特殊趣味，即肯定我们的爱好的那些判断"做出了区分。他认为：

"趣味、爱好不是审美知觉的有机部分，因而也不是审美经验的构成要素。它虽给审美经验涂抹上了一种个人色调，但在审美上仅具有相对性。甚至它有可能影响或遮蔽知觉，因为它们的目的不像知觉那样在于把握审美对象的实在。而审美知觉是构成审美经验的基本要素，它具有普遍有效性，因为它让对象去叙说。"

这说明对于能够提供美的事物来说，仅满足不同人出于情趣喜好的需求显然是不够的。正常的审美经验存在且植根于普遍大众。这种共通的人类情感与价值判断虽具有广泛意义，但也受到文化背景、知识结构、地域气候、宗教信仰等条件的限制。若

---

① 从现象学哲学领域看，"回到事情本身"在某种程度上就是回到生活世界。而现象学家对"回到事情本身"的理解不尽相同。最早提出这个观点的人是黑格尔（Georg Wilhelm Friedrich Hegel），他在1807年出版的"科学的体系"第一部《精神现象学》前言中发出了"回到事情本身"的呼声。这里所说的"事情本身"意指"逻辑学"。胡塞尔的"事情本身"不是指经验意识，而是指本质直观，即生活世界。海德格尔（Martin Heidegger）的"事情本身"是"让人从显现的东西本身那里，如它从其本身所显现的那样来看它"。梅洛·庞蒂（Maurice Merleau‐Ponty）在《知觉现象学》的前言中对这句话的理解是："回到事情本身就是回到这个在认识以前而认识经常谈起的世界（即生活世界），就这个世界而论，一切科学规定都是抽象的、只有记号意义的、附属的，就像地理学对风景的关系那样，我们首先是在风景里知道什么是一片森林、一所牧场、一道河流的。"

② 米盖儿·杜夫海纳（Mikel Dufrenne, 1910—1995）法国美学家，现象学美学的主要代表人物之一。杜夫海纳审美直觉核心观点认为审美对象的本质是纯粹知觉对象，即经现象学还原而达到具有主客关系本源性的意识结构。

将这种审美的对象定义为普遍意义上的物，则使用的真实感受将被视为衡量美感的重要标准之一。

　　美国功能主义学派代表人物约翰·杜威（John Dewey）[1] 认为，审美经验和日常生活经验之间只有程度的区别而没有类的区别。他曾说："我认为虽然并不是没有审美这种东西，但它那种被净化、被强化和发展了的经验仍然是从属于正常而完满的经验的。"物的外在形式由于技术的革新发生着多样变化。由于人类视觉好奇的心理本能，物的更换成为一种时代特征，并伴随人的审美经验发生剧烈改变。相较于巨大的视觉冲击，物给人的平凡感受难以满足人们内心的欲求。而正是人类喜新厌旧的心理，成就了物之更替的一种悖论，即替换与再替换的理由冲突。人们总是以各种方式被告知选择的经验，却无法究其产生的本源。

　　美国学者马尔库塞（Herbert Marcuse）[2] 反对现代社会科技理性给人带来的禁锢。他曾表示："技术理性在物质领域把人变成纯粹的经济动物，并以取得物质财富的多寡作为人感知幸福、自由的唯一尺度，把物质享受作为人的本质之所是。"但他也反对只为艺术而艺术，认为"审美的天地是一个生活世界，依靠它，自由的需求和潜能，寻找着自身的解放。"美的创造过程需要被人感知，但美的形式有多种。强调美的意识本身或许并没有错，但容易陷入被人们主观抛弃的危险之中。这里并非强调对美的放弃，而在于正确看待美在产品中的定位问题。一件产品最重要的功用是被使用的价值。这一点毋庸置疑。产品区别于一般意义上的艺术品，其被感知的美深藏于体验的知觉过程。现象学提出的"生活世界"是能够被人真实感知的世界，它具有客观性，即每个人都能不同程度地感受其存在的合理性。再者，物的另一重功能是作为组成环境的要素之一。它充当了人与环境之间承上启下的连接关系。作为这样一种功能的载体，不得不体现出另一种深邃而具有融合性的姿态。以整体美意识看待我们这个时代的物，已成为需要被讨论的命题。

---

[1] 约翰·杜威（John Dewey，1859—1952），美国哲学家和教育家，被认为是美国实用主义哲学的重要代表人物。杜威曾提出两个重要的教育思想：连续性，以及在实践中学习。在艺术美学上，他强调回到"日常经验"（common experience）的想法，这在后现代方向上是极其重要的。
[2] 赫伯特·马尔库塞（Herbert Marcuse，1898—1979）是德裔美籍哲学家和社会理论家，法兰克福学派的代表人物。他从弗洛伊德的心理分析理论出发来理解人的本质及其解放，将人与生俱来的本能看成"无意识"的存在。马尔库塞著有《历史唯物论的现象学导引》等书。

17 | 产品形成整体知觉的
内在原理

THE INHERENT PRINCIPLE OF PRODUCT
FORMING AS A WHOLE PERCEPTION

产品形成整体知觉的
内在原理

THE INHERENT PRINCIPLE OF PRODUCT
FORMING AS A WHOLE PERCEPTION

被人所感知的环境由各种自然物与人工物组成，但它并不是由物品的简单相加得到的。人们在感知环境信息时具有整体性。不论单个物品的受关注度如何，它总是受到来自他物的影响。

细心的设计工作者会发现，对于设计这样一项工作来说，感性与理性同等重要。感性通常引导人们产生绝妙的概念，而理性则将功能的完善与技术的实现变为可能。但感性与理性又会在一定程度上形成思维的矛盾。原因在于，理性思维一般偏重纵向的深入挖掘，从小范围切入并协调各部分元素间的合理关系，以解决局部问题。而感性思维更善于从宏观上把握各种组成要素，以达到整体和谐的效果。如使用者在见到产品的一瞬间，便能立刻运用感性思维对其大部分组成元素进行有效评估，并迅速做出判断。在这一点上不同的人虽会根据其特定的年龄、性别、知识水平、地域文化、职业等因素而作出不同的判断，但总体上说，一般都能较清晰地感知到自己的需求与物的情状是否一致。这便形成设计学科的一大特点，即设计工作需要将理性操作上升到感性高度进行评价。

在学习设计的过程中我们往往会碰到一种情况，即在经过一大堆复杂的设计流程后，得出一个支离破碎或看似不太完美的整体。各部分之间难以形成与感性评价对应的有机组合关系。于是我们会思考一个问题：局部与整体的关系究竟是什么？

格式塔心理学[①] 理论认为人对物形成的知觉判断并非物自身各种元素堆积的表象结果。也不能将物的整体感知分解成若干感觉元素进行孤立讨论。它曾极力批驳构造主义心理学所谓"复杂的知觉是简单感觉的集合"的论断。这也是它为何采用英文单词"configuration"（完形）而非"structure"（构造）的真正原因。

在这之前也有一些学者认为一个整体不完全等同于各部分之和。奥地利心理学家埃伦费尔斯（Christian von Ehrenfels）[②] 在1890年提出了"形质"的概念。所谓"形质"是指如空间与时间这样新的元素形式。他举了一个例子：一个正方形是由四条直线构成的，但是"正方形"可不是这四条线的集合体，它是一种新的形式、性质或元素。

著名格式塔心理学家韦特海默（Max Wertheimer）[③] 认为，很久以来，欧洲科学的特点是认为科学的任务在于将复杂的东西破成元素。而这就使我们在具体的研究上陷入困难，引起了传统分析所不能解决的问题。格式塔所倡导的整体结构不单纯是盲目相加的，且难于处理的元素般的"形质"，也不仅仅是附加于已有资料上的形式化的东西。相反，这里要研究的是具有特殊的内在规律的完整历程，所考虑的是有具体的整体原则的结构。

---

① 格式塔心理学（Gestalttheorie）是心理学重要流派之一，兴起于20世纪初的德国，又称为完形心理学，由马克斯·韦特海默（1880—1943）、沃尔夫冈·柯勒（1887—1967）和库尔特·考夫卡（1886—1941）三位德国心理学家在研究似动现象的基础上创立。格式塔是德文Gestalt的译音，意即"模式、形状、形式"等，意思是指"动态的整体"（dynamic wholes）。格式塔学派主张人脑的运作原理是整体的，"整体不同于其部件的总和"。例如，我们对一朵花的感知，并非纯粹从对花的形状、颜色、大小等感官资讯而来，还包括我们对花过去的经验和印象，加起来才是我们对一朵花的感知。
② 埃伦费尔斯（Christian von Ehrenfels，1859—1932），奥地利哲学家、完形心理学家，曾提出格式塔数字矩概念。他对旋律向另一调过渡的分析很有名。埃伦费尔斯说，一个旋律是由单个声音组成的，但是它远不止这些音符的总和。各个音符可以结合起来形成完全不同的旋律；而如果换掉其中的键，仍可使旋律保持不变。这个新的观点，埃伦费尔斯将它叫作Gestaltqualitaten（完形品质）。
③ 马克斯·韦特海默（Max Wertheimer，1880—1943），德国心理学家，格式塔心理学创始人之一。他主张从直观上把握心理现象，并把整体结构的动态属性看作心理学的本质，认为应从整体到部分地理解心理现象。

那么如何理解整体原则？若我们将物的客观表象与人的主观感知联系到一起加以考虑，则会发现物的性质也随着感知主体的心理变化而不断变化。

我们时常发现将同样的物放置于不同的时间或空间会产生截然不同的效果。一个地区众多的传统工艺产品虽在当地司空见惯甚至廉价，但将其移到另一种文化地域就能显现出不凡的价值。著名心理学家考夫卡（Kurt Koffka）[①]认为：世界是心物的，经验世界与物理世界并不相同。若将观察者知觉现实的观念称作心理场[②]，被知觉的现实称作物理场的话，人对客观世界的感知应是两者结合的产物。同样是一把老式的座椅，年迈的母亲将其视为珍宝，时尚的儿子或许会因其破旧不堪而不屑一顾，甚至蕴含着在女友面前陷于尴尬处境的危机。

考夫卡在《格式塔心理学原理》一书中谈到过一个这样的动物实验。将浅色 b 和深色 c 两个物体置于动物面前，b 下有食物，c 下无食物。动物选择 b 能够得到食物，选择 c 则得不到食物。训练动物进行选择，直到动物总是选择 b 为止。然后，将这对刺激（b 和 c）替换成另一对刺激（a 和 b），其中 a 比 b 的颜色更浅些。根据传统的理论，动物必须在熟悉的 b 和新的 a 之间进行选择，由于 b 有过训练，并与积极反应联结起来，所以要比没有建立任何联结的 a 更容易被动物选择。事实上，动物选择了 a。为什么？考夫卡认为："动物在先前的训练中，已经学会对明度梯度中那个较高的梯度（较亮的刺激）做出积极反应，当它面对一对新刺激时，按照整体反应原则，将会以同样的行为选择刺激 a。"这个实验说明，动物对同样的物进行评价时会因心理因素的影响而有所不同，而这种影响往往来自于比较。

[①] 库尔特·考夫卡（Kurt Koffka，1886—1941），美籍德裔心理学家，格式塔心理学的代表人物之一。他认为知觉经验有一种在任何部分中都找不到的整体性。知觉不能由感觉元素的集合或者仅仅是各部分的总和来解释。知觉本身就显示出一种整体性，一种形式，一个格式塔。这种整体性的感知不光人有，动物也同样具有。

[②] 格式塔心理学认为心理现象不是其构成元素的简单的集合，而是作为整体组成一个场，其内部相互间具有力动的关系。就格式塔心理学总体来说浸透着场的观点，在学习领域中，随着对美国行为主义心理学的论争的激化，往往把格式塔的学习理论总称为场的理论。考夫卡曾在《格式塔心理学原理》中提出了一系列新名词："行为场""环境场""物理场""心理场""心理物理场"等。

   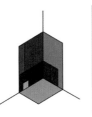  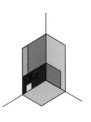

相同的家具置于不同背景下会让人产生不一样的体验感受

另一个问题是：何为整体感知？整体的外延在哪里？

通常我们考虑一件物品的设计时，较多关注人与物之间的关系。而人机工程学概念中强调人、物、环境三者之间的关系。环境如何能成为影响人与物之间关系的因素呢？格式塔心理学中的"图形与背景"[①]原则启发我们产生新的思考。这是一个与人的关注点有关的概念，但并非具有绝对的属性。打个简单的比方，你的面前摆放着一支绿叶红花，当你关注到红花时，红花形成图形，而被忽略的绿叶部分自然退居为背景。但反过来，当你关注绿叶时，红花则被忽略而成为背景。这种图形与背景交替出现的现象在日常生活中随处可见。比如一件家具，当它所处的背景不同时，亦会让人产生不一样的感受。

当我们将一件物品想作是它本身时，它亦同时成为他物的背景。传统的设计观将物的形式当成单一的图形加以考虑，因而其视觉效果的凸显成为首要目标。但由于物的对比产生知觉选择的主次关系，而这种主次关系在一定程度上决定了持续知觉关注的聚焦性，故有意弱化背景以突出主体将能更好地帮助视觉效果的实现。如绿叶红花的例子所阐述的那样，不论图底二者的视觉刺激程度相差多少，只要关注主体的心理变化，二者时刻都有可能发生转换。如此一来，我们即可得出结论：对物的各种要素的设计应被放置于客观环境中全面考虑后才能得出。

---

① "图形与背景"原则是格式塔心理学中关于"环境场"的重要原则，指在一般的图底关系中，相对凸显出来的形成图形，而退居到衬托地位的形成背景。这种区分，取决于两者被知觉程度的多少。但不是凸显程度高的一方就一定能够成为被人知觉的图形部分。

以一张书桌为例，若我们关注的是书桌本身，它便形成了图形，而桌子之外的东西则变成了背景。此时桌子的造型、色彩等构成其外观的要素应体现其作为关注对象的视觉冲击。若我们反思书桌的功能就会发现，人们伏案于书桌的大部分时间，都将关注点放在桌面上的书本或计算机上。此时书桌的绝大部分内容将长时间退居到背景的地位，其被关注度亦有了根本性的改变。如果我们将桌面看成读物的背景，则桌面的材质、色彩都应帮助完成阅读的基本行为，与纸张或屏幕形成友好的辅助关系。单纯将桌面材质看成彰显视觉效果的要素的想法是不可取的。

　　有时会听到这样的感受表述：在被女主人打扫得一尘不染的家里做客有一种莫名的紧张感。这里所谓的一尘不染或许还包含家中每个角落的视觉效果均被精心摆设了一番。如果我们将注意力放在与主人面对面的交流与思想沟通上，则会希望周围环境尽量少地引起我们的关注，哪怕是引起的下意识关注。而引起关注的原因有很多。周围环境强烈的视觉效果会引起关注，如在巴洛克式的宫殿中居住或许会让人产生紧张的情绪。而过于空旷的空间布局则会让人产生不安全感，从而分散人们的注意力。另外，脏乱的环境会让人产生心理排斥，担心物品使用的卫生状况及身体摆放的位置等，亦会对关注度产生影响。

　　需要补充说明的是，这里所提到的图底关注并不排斥环境中的物具有良好的视觉效果，而是在客观分析二者关系的转换及影响人关注度变化的具体因素。

　　物的关联性使我们产生对单个绝对物体的相对感知。物所形成的环境具有连续意义。人在其间运动所得到的感知是不断变化着的生命体。每件物均作为形成整体感知的局部元素。由这些局部元素所组成的整合体需要被赋予一种或多种功能，这便成为人、物、环境三者不可割裂的内在联系。

18 | 随机生活推进原理与
线性思维的矛盾

THE CONTRADICTION BETWEEN THE
PRINCIPLE OF RANDOM LIFE ADVANCEMENT
AND LINEAR THINKING

随机生活推进原理与
线性思维①的矛盾

THE CONTRADICTION BETWEEN THE
PRINCIPLE OF RANDOM LIFE ADVANCEMENT
AND LINEAR THINKING

　　你是否有过这样的感受：每天总有许多似乎与你的目标完全无关的事充斥进来，搅得你无法安心做事？但有时又会发现，许多无法快速解决的问题在不经意的事件中迎刃而解。这很可能是因为你过度追求目标而忽略了生活本身。通常我们在设定目标时，总是容易将达到目标的过程设想为顺利完成阶段性工作后的必然结果。而这样的事情并不发生在所有的工作中，特别是创造性工作中。人们在完成创造性工作前首先需要建立对目标直觉的模糊建构，在这样的建构中往往难以快速确定达到目标的路径，甚至对目标也存在一定程度的认知模糊性。著名教育心理学家霍华德·加德纳（Howard Gardner）② 将格奥尔格·康托尔（Cantor，Georg Ferdinand Ludwig

---

① 线性思维（Linear Thinking），也称一维思维，是一种直线的、单向的、缺乏变化的思维方式，思维沿着一定的线型或类线型（无论线型还是类线型，既可以是直线也可以是曲线）的轨迹寻求问题的解决方案的一种思维方法。线性思维在一定意义上说来属于静态思维。它的特点是把多元素问题变成单一元素问题，排除其他道路的可能性，这就是我们平常说的"死脑筋"。非线性思维（Non-linear Thinking）针对线性思维而存在，是指一切不属于线性思维的思维类型，也就是我们所见到的跳跃性思维，如系统思维、模糊思维等。它很可能会不按逻辑思维、线性思维的方式走，有某种直觉的含义，是一种无须对大量资料和信息进行分析的综合。实际上，自然科学或社会科学中的几乎所有已知系统，当输入量足够大时，都是非线性的，因此，非线性系统远比线性系统多得多，客观世界本来就是非线性的，线性只是一种近似。非线性思维的建立和培养是人们应用技术的关键。而非线性在实际操作中的体现就是多维度并列顿悟思考的过程。
② 霍华德·加德纳（Howard Gardner），世界著名教育心理学家，其最为人知的成就就是"多元智能理论"，被誉为"多元智能理论"之父。现任美国哈佛大学教育研究生院心理学、教育学教授，波士顿大学医学院精神病学教授。

Philipp）① 试图把他对绝对无穷大的初期直觉清晰化的复杂过程描述如下："新直觉的建构绝对不是线性的；他提出许多方向，其中一些是有希望的，其他方向则很快会被丢弃。对直觉的不断清晰化（以定义、符号、陈述等形式）使他可以展望新的探索区域，并超越私人的领域，走向更为公开发表的见解。"当我们考虑其创造过程的三个阶段时就可以感受到康托尔在从直觉到严格证明的过程中所感受到的精神紧张。这三个阶段是：构建局部一致性，设计并修订符号，形成新的主题。

一个设计者常常陷入的误区是对目标主题过于执着的追求，这种状态时常使之绞尽脑汁，一心钻研。而达成目标的过程通常遵循递进式的螺旋上升法则，即在不断添加新内容后逐渐形成原有主题的更新。有些研究者发现，领悟或"突破"—— 迈向目标的重大进展——常常是在拼命努力一段时间似乎都没有进展时，把工作抛开休息一段时间或投入不相干的活动之后，意外地发生的。我们常常在书里看到，具有非凡创造力的人在无法预测的时间点突然灵机一动有了创新的想法，而这样的灵感并不是在主动思考问题的时候发生的，而是在努力很久却都没有收获之后发生的。② 当人们在围绕一个目标的工作中投入大量精力时，所累积的信息已产生解决问题的基本铺垫。而在使直觉清晰地表现为某一结论前，或许存在缺少关键信息的可能性。而正如康托尔所表述的，局部一致性所导致的符号清晰化，为的是引导进一步研究的新方向。一个创新目标的建立可以被拆分为多个步骤来实现，而对于每个阶段所要完成的小目标及具体工作任务往往并不明确，因此，我们极容易被看似清晰的目标而误导，对实现

---

① 格奥尔格·康托尔（Cantor, Georg Ferdinand Ludwig Philipp, 1845—1918），德国数学家，生于俄国，对数学的贡献是集合论和超穷数理论。
② 这个现象导向最早是由英国社会心理学家格雷厄姆·沃拉斯（Graham Wallas）提出的概念，即创造性工作涉及所谓的"酝酿期"，在这个阶段，个人并不是在有意识地思考工作问题，但是大脑会潜意识地继续工作。

目标的时间产生模糊化认识。另外，有人提出可能的原因为，固执于无法使人更接近解决之道的想法，以及没有能力让自己摆脱这样的固执，都会阻碍解决问题的进展。停止思考问题正好提供摆脱固执、接触更多知识的机会，从而获得解决问题的方法（Finke et al.,1992; Smith,1995）。

创新思考法中有一种被称为"曼陀罗"的思考方法。[①] 它以事物要达到的目标为中心，再以此中心发散出达到目标所要考虑的各种问题。其运作方式分为扩散型与围绕型两种。扩散型通常将影响中心目标的各种要素向周围扩散，并以此方法将子条目再发散出各项的次一级条目。这很像我们通常所做的头脑风暴思考法。如根据中心问题辐射展开的"What、Why、Who、Where、When、How"等各种问题。这个方法比较适用于收集与主题相关的信息与灵感。但当创新行为与行为流程及事物发展的先后顺序有关系时，这种办法就有其弊端。这时我们需要采用围绕型的思考方法。围绕型利用螺旋线的形式，将需要达到的目标放在中间，把可能会遇到的问题分别放在向外延伸的曲线上。事实上许多时候人们在以螺旋线不断向外拓展的过程中依据随机碰到的事物而产生灵感。这种方法从图上就能领会其思考方式，即通过逐步扩大的搜索范围不断完善对中心思想的发展。有时我们并不清楚解决中心问题的具体步骤将会是什么，或最终的创新点会以什么样的形式出现，因此，只能试图从支离破碎的信息中慢慢找到启发自己的方向。

---

① 曼陀罗最早出现在古印度五世纪，至今已有千年历史。它是梵语 mandala 的音译，有佛教道场、圆坛之意，引申为"圆满具足"，有本质、心随、了悟、集合的意思。在宗教上，曼陀罗是一种神与人沟通的图像，分为内外曼陀罗。前者是不可视的，分为肉体和精神曼陀罗，作为人与神之间的沟通媒介；后者是可视的，分为尊像、象征、文字及立体曼陀罗。曼陀罗思考法传入日本后，逐渐脱离宗教的形式。金泉浩晃在 1992 年以曼陀罗为名著书，并在其中提出曼陀罗思考技法，而且开发了曼陀罗软件。

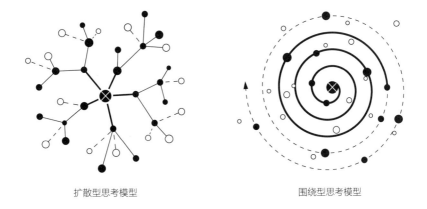

扩散型思考模型　　　　　　　　　围绕型思考模型

　　这里，围绕型思考法解释了利用随机生活的不确定信息逐步推进设计思维的原理。通过对与主题间接相关的生活常态的再思考，设计工作者往往容易找到解决问题的办法或是存在的问题本身。前面已经分析过，提出问题与解决问题一样具有创新性。甚至两者之间逐渐模糊了界限。事实上我们常常可以通过找到并解决另一个相关问题而产生对此项问题的帮助。唯有在解决棘手的问题时，不要急于以草率的方式将问题解决，而应努力找到正确方向的衍生性子问题并逐一加以解决。①

　　也许人类天生就善于从扩大化的外围信息中得到对主题的解读。研究者亚当·罗森（Adam Larson）和莱斯特·罗斯基（Lester Loschky）曾在2009年做过一个实验，他们将一张客厅照片变成遮挡中央区域与遮挡周围区域的两张图形，且去掉颜色，并让人们快速分辨图形的场景。结果发现若是照片中央部分缺失，人们依然可以分辨场景的地点，而若是周围部分缺失，则无法准确辨认。现在还不能准确得知不同的人究竟采用如何不同的方式从扩大化的外围信息中收集对主题有用的信息。但至少我们能暂且得出结论，对设计活动而言，渐进式的目标突破，单单依靠线性思维是不够的，还需要伴随对随机生活所产生的灵感捕捉。

---

① 陀罗思考法是一种思考工具（技术、技法），在操作上并没有特定的规则，使用者可依自己的习惯进行适当的调整。在运用曼陀罗法时，最关键的诀窍是"不要太快将各方格都填满"，要本着允许填错或空着一两格也没关系的态度。当有新的想法时，随即填进空格里，这个想法马上又加入脑力激荡的行列中，开始担负起酝酿新想法的任务。

19 | 微，知觉的重构
MICRO, PERCEPTUAL RECONSTRUCTION

微，知觉的重构

MICRO, PERCEPTUAL RECONSTRUCTION

这里想要进一步讨论的是人与物之间微妙的感知关系。这种感知关系存在不止一种复杂的情感连接。

人与物的关系通常被理解为主动与被动的关系，即人使用物，而物逐渐为人提供使用价值直至最终被损耗殆尽。这是一种以"消费"为导向的意识。假如我们换一种思路，暂且假设物品不具有被替换的可能，且将与我们共同老去，那将使我们产生何种使用的心理？人们由于了解到物品无法回复到最初状态的本质属性而更可能采取倍加爱护的对待方式。这不禁让我们联想到人类所具有的亲情或许正是因为建立在这种无法替代的情况之下，因而显现出难以割舍的情节。

物品在人的作用方式下所呈现的表情具有多样性。中国自古以来便有各种养护器物的方法。对物品长时间的精心使用，使得器物表面产生原本所没有的另类光泽。这样的对待方式所体现的是人之于物的柔性操作所带来的和谐互动。人们对物品的作用方式随着时间变化而产生反馈，人在对物的情感倾注中找到持续保留物品的理由。

人们在使用物品的过程中能够体会到物品不断变化着的优雅姿态。比如，当我们用茶具完成一系列饮茶的行为时，喝水只变成所有需求中微不足道的一环。茶叶的清香，茶叶在水中翻滚的姿态，徐徐上升的热气，器皿温润的色泽与光滑的手感，加上茶水入口时醇厚的口感，所有的一切组成了物给人带来的复杂的综合感受。茶叶在器皿中发生变化的整个过程都是赏心悦目的。它让我们在对物的行为中发现在静态时不

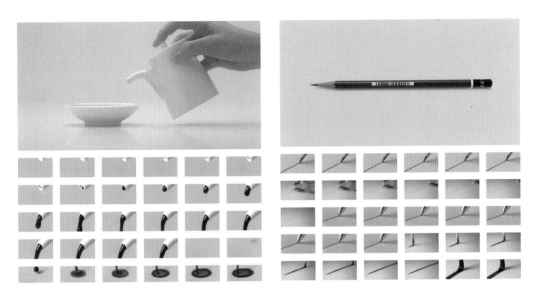

倾倒酱油（中村勇吾官网摄影）　　　　　　　　　　　　　书写（中村勇吾官网摄影）

曾有过的体验。但当人们的行为目的非常明确且操作快速时，往往难以发现这种人与物互动中的美感。

　　在日本多媒体设计师中村勇吾[①]（Yugo Nakamura）的连拍摄影中，我们能够强烈感受到物在被使用的过程中所展现的独特美感。水流在器皿中逐渐汇聚的变化，笔尖与纸面摩擦时显现的醒目的黑……也许正是这种太过熟悉又稍显模糊的记忆，成就了我们对物的再认识。

---

① 中村勇吾（Yugo Nakamura）1970 年出生于日本，1996 年自东京大学建筑设计系毕业，其作品被收入巴黎蓬皮杜艺术中心、维也纳艺术村、伦敦设计博物馆中。他于 2000 年服务于 Business Architects Inc.，正式投入 Web Design，他的建筑设计背景使他将空间与力学等概念注入 Flash 中，创造了许多互动的新模式。

蜡烛的光线

　　物的使用过程是奇妙的，它与我们全身的感觉相连通，并给予我们宁静的力量。我时常觉得光线是一种神奇的物质，虽然我们无法触碰它，但是它能为我们带来不一样的情绪感受。我们会因为光线的色温而感到冷暖，也会由于明暗感到浪漫抑或恐怖。光线在我们的本能意识中有着极其微妙且重要的作用。

　　记得有一次我工作到很晚回家，正巧遇上妻子为两岁的女儿洗脸。女儿的吵闹声很大，顷刻间我似乎感受到了她的痛苦。于是我看了一下周围，对妻子说："让我来改变一下，或许有用。"于是我点燃了几根蜡烛，放在已经很久没用过的烛台里，并关了灯，倒了一盆热水，给女儿洗脚。她很快停止了哭闹，望着蜡烛幽暗而闪烁的光，安静地看着我。整个过程中，唯一变化的是室内的光线。婴儿在临近睡眠时间已经充满了睡意，这时刺眼的灯光与毛巾擦脸的动作会让她感觉被打搅，我想这恐怕是当时的真实状况吧！

　　现代人与古代人使用的光线是不同的。古代由于技术落后，人们只能用油灯或蜡烛来照明。昏暗的灯光给人带来睡意，我们只能在这样的光线下做一些简单的事。现代社会由于有了电，我们将白天的光照带到了夜里，人们可以在夜晚继续白天的工作，这样便自然而然地压缩了夜晚本应用来休息的时间。蜡烛在燃烧过程中表现出了生动的姿态，它的表情是微妙而富有变化的，同时伴随着空气中微微的香味，应该说这是几种感官共同作用的感受。西方人喜欢用壁炉，其妙处应该也是出于类似的原理吧！柴火在里面发出噼哩啪啦的响声，身体感受着跳动的火苗所带来的温暖。

日本丰田商务车高大的前脸

　　日本感性工学[1] 的著名学者长町三生（Mitsuo Nagamachi）[2] 在其著作中曾举过这样的例子：汽车前引擎盖的高度与汽车给人的奢华感受有关。通过研究发现，如果客户需要一辆奢华的汽车，我们可以将汽车的前脸做得高大一些。在另一个关于女性内衣的研究案例中，通过对 2000 名受测女性的调研发现，为了让内衣看上去尽可能美丽与优雅，设计的内衣需要尽量将乳房收拢在女性的胸腔以内，防止外扩；并保持双乳微微向上抬起，以给人年轻的感受。[3]

　　对物品使用的细微观察将我们带入操作感知的另一种境界。这样做的益处在于能够将我们的感受力深入到使用的所有阶段，并发现理性思考与感性意识的交汇处。这样生发的创造能够让使用者体会到设计者所建构的细腻情境。

---

[1] 感性工学是感性与工学相结合的技术，主要通过分析人的感性来设计产品，依据人的喜好来制造产品，它属于工学的一个新分支。"感性工学"的英文表述为 Kansei Engineering。Kansei，在日语中意为"感性"。最早将感性分析导入工学研究领域的是日本广岛大学工学部的研究人员。1970 年，以在住宅设计中开始全面考虑居住者的情绪和欲求为开端，研究人员研究如何将居住者的感性在住宅设计中具体化为工学技术，这一新技术最初被称为"情绪工学"。

[2] 长町三生（Mitsuo Nagamachi），日本感性工学著名学者，1936 年出生于神户，1958 年毕业于广岛大学心理学专业，1963 年获广岛大学文学博士学位，随后进入工学部研究人类工学和安全工学。曾获得美国人类工程学学会"优秀外国人奖"和国际安全人类工效学学会"安全人类工效学奖"。1970 年开始研究感性工学，著有《感性工学》《快适科学》《感性商品学——感性工学的基础和应用》等专著。

[3] *Innovations of KANSEI ENGINEERING*，Mitsuo Nagamachi & Anitawati Mohd Lokman，CRC Press，2011.

20 | 形与色有我们
不曾料到的功能

FORM AND COLOR
HAVE FEATURES WE DIDN'T EXPECT

形与色有我们
不曾料到的功能

FORM AND COLOR
HAVE FEATURES WE DIDN'T EXPECT

　　"微设计"研究的真正价值在于指导设计实践。以精微细致的观察视角形成对普通问题不一样的解决方案，且探索精准而有效的改良方法，这是"微设计"理论的研究方向之一。通常我们对物体形与色的考虑仅限于它们基本的功能改良及美学提升，常常忽略形体及色彩等非常规性的重要功能。这些功能也常伴随非常规性的问题而生成。原因在于对于许多陌生的产品，我们并未仔细考虑如何将它们变得更好。

　　之前已经提到过，"微设计"的思考着眼点并不是从问题的解决开始的，而是从提出问题开始的。对"似乎有一点不舒服"，以及"或许这样更合理"的本能意识的培养，是对设计师这样一类高感知人群的基本要求。在学习所有知识之前，或许应将我们作为人类的本能意识重新洗刷，并排除既定模式来看待习以为常的事物。

　　通过对事物深入的研究，我们会发现人与物的交互过程并不是在"真空"状态下完成的，许多时候往往还有其他因素在起作用。比如说，当我们出去买一碗馄饨回家时，会发现容器的设计不光关系到食物的盛放与人的使用舒适问题，还会涉及运动的问题，当我们端着它行走时，很容易出现洒落的现象。这时，我们可以设计一个容器来解决它，也可以设计一个和容器贴合的袋子来解决上述问题。这里有一个值得讨论的问题，就是通常我们会将洒落看成容器的密封性问题，而若是没有很匹配的袋子，容器放在里面早已歪斜，便不利于人手控制。若将袋子设计得与容器正好匹配，则几乎每个人都有很好地掌控提拎袋子的本能经验。

造型能够与各种要素发生关联

下面我们再来讨论一些不被我们关注的形与色的功能。

通过对不同设计要素进行改进可以使产品功能及品质全面提升。对问题的改善有许多方式：有的是对三维造型进行的功能改良；有的则利用色彩形成对易混淆事物的有效提示；有的对材料的物理或化学特性善加利用；有的则是通过改变事物操作的先后顺序提升合理性。在有些情况下，我们需要使不可见的隐形要素显现；有时需要更多地考虑安全、卫生等特殊需求。随着技术的进步与文化的发展，产品的改良方法正朝着多样化的方向发展。我们发现仅产品的三维造型就与物质形态、光线、重量、声音、温度、方向、运动等不同属性有着重要联系。

如图所示，其中 A 案例油漆罐的口部造型更利于倾倒油漆，不易弄脏口部，这是造型与液体发生的关系；B 案例通过瓶盖凹凸形体差异来表达液体是否具有碳酸性，是造型与气体发生关联的显现；C 案例中的立体造型成为手机的扬声器，是形体与声音发生的关联；D 案例中杯体的造型有利于隔热，是造型与温度发生的关联；E 案例是一款跷跷板的设计，依据支点的变化而促成老少同游，是造型与重量发生的关联；F 案例是一款能够反射光线的灯具，是造型与光线之间发生的关联；G 方案是利用三维形态的方向性所做的锁的设计，可引导钥匙顺利滑向中心的孔洞。

三维形体还有许多不易被发觉的作用，比如形体具有通用的功能：某些锅盖通过波浪形的设计可适用于不同大小的锅体。而某些形体具有便于折叠的天然特性，如果将它们做成一次性容器则方便回收。另外，若我们将电池、铅笔的截面做成非正圆的棱角形状，则会避免它们滚动滑落……

　　色彩的功能也是不言而喻的。例如，如果我们难以区分生熟食的砧板，就可以用色彩予以区别；如果很难判断停车场的区域位置，就可以将每个部分以不同的色彩进行标示。记得曾有一个关于铁轨的改良设计案例。设计师在铁轨的螺钉上标记了带有色彩的记号，用来帮助工人检查螺钉与螺帽是否有松动。生活中确实有许多隐性要素需要被更为清楚地表现，以避免错误操作或产生不必要的麻烦。

　　目前还有越来越多不同类型的案例出现，以至于我们无法用现有任何一种归类法涵盖所有已知或将要生成的全部案例。我们只能以这样的思维方法不断训练自我，快速找到问题的症结，并努力以最有效的方式加以改良。也至少能够得出这样的结论：形、色、材的运用方式远超出我们的想象。

21 | 微设计狂想
FANTASY ABOUT MICRO DESIGN

微设计狂想

FANTASY ABOUT MICRO DESIGN

　　我时常觉得学习设计的方法有点儿像打木人桩。武师总是一遍又一遍看似枯燥地对着木人练习，这种练习的方法不知是从何时开始的，一直持续至今。对着看似简单的东西反复练习，不知不觉便领悟了事物的本质。微设计的练习也是从生活中随处可见的日用器皿开始的。要对存在千年之久的物品进行改良并非易事，因为形体通常已简化到无法更进一步的程度。要重新建立对物品的逻辑思考，最好的方法是先忘记它原有的样式，通过我们内心感知到的微小需求，引导出其最佳的功能形式。

　　在多年的实践中，我发现设计本质上是没有界限的。任何一种物，大到建筑，小到火柴，都具有类似的思考方法。通过问题的寻找与设定，往往能够对想要达成的目标进行预先判断，从而理性地逐步推导出合适的功能形态。这中间需要建构的地方在于目标需求的明确，即对于本质上需要什么进行清晰地界定。应该说我们作为人所共有的本能知觉是我们完成一切工作的力量之源，而这也是我们与使用者唯一可以沟通的无声的媒介。

也许有些设计者会问：对物的形态美学的研究是否重要？回答当然是肯定的！人类自诞生以来便长久追寻着物的视觉美学，直到今天依然未改变。但不论对物品功能的探讨如何发展，形态的美学都始终存在，并将伴随多元文化而变得更加繁荣，我在之后的论著中会与大家详细讨论。而本书想要研究的问题是基于包豪斯以来人类快速发展下的诸多新问题的解决方式，它们有的并不曾被关注，有的在以往并未发生。

设计之于艺术的界限在于评价基础的通用化。作为设计者，我们无须过多解释本应通过大众本能感受到的信息。接下来为大家介绍一些我平时想到的有趣的方案，用以解决我们日常生活中的隐性问题，也是微设计思维方法的现实应用。当我们将自己的视线缩小，并较为缜密地思索事物间的联系时，我们会洞察到一些被忽视的重要信息，这些信息随之引导我们对现实进行重构，以便找到产品更为合理的界面。

22 | 杯·碗·筷·碟

CUP · BOWL · CHOPSTICKS · DISH

杯·碗·筷·碟

CUP · BOWL · CHOPSTICKS · DISH

　　我的微设计狂想从杯、碗、筷、碟等日常餐具入手。选择餐具的原因是对餐具设计尺度的拿捏很有意思，既不能多也不能少，要在早已被人们打磨挑剔无数次后的产品上做设计是极具挑战性的，也同样具有一种仪式感。日常使用之物的美学让人难以抵抗，也足以催生出让人可以终身投入的事业，一只碗便是一个天地。我曾经看过一些不同国家的器皿，其创作思路是不同的。比如日本人常有在大碗上切口放筷子的设计，这和中国喜爱团圆与完整的民族特性有所不同，我们很少在中国的器皿上看到类似的设计。而中国的一些器皿也有其独到的匠心思考，比如公道杯口的空洞设计将茶叶与茶汤分离，很巧妙。我们也在现代器皿中看到了与进食有关的设计案例，比如碗边宽大便于抓握的面碗，以及碗里不易滑落的长柄汤匙。从这些简单的小物中，我们发现日用之美的来源正是普通使用功能的再进化，从不经意却是不易的用心中彰显出关爱的价值。

公道杯口的茶滤设计

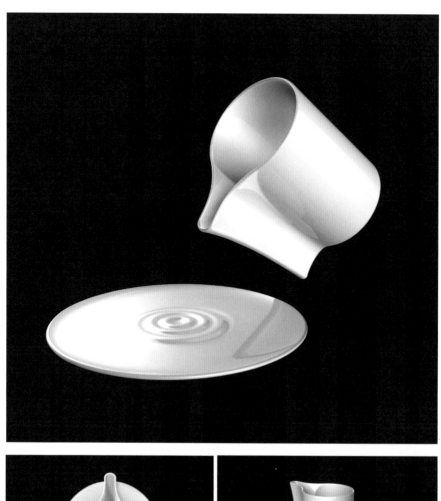

水滴杯　DRIPPING CUP

主题	时间
WATER	**2014**
水	年

水滴杯是2014年初创作的。创作的缘起是中国美术学院组织在校教师作品赴美参展，展览主题预先设定为"水"。水是一个柔性而灵活的主题，它既有无形的特征，又会随着环境的变化而变化自己的形态。有人将产品设计成水的流动形态，有人通过水给人的感受进行再创作。在我的头脑中，一直对水有另外一种理解：它可以被理解为展现其特性的一种外物的表达。由于其无色无味无形的特性，我们难以用一种性格语言来完整地描述它。对对象所呈现的功能性进行解读，这是产品设计师特有的思维逻辑，于是在我头脑中出现的第一个产品便是喝水的杯子。

我并非本来就在头脑中勾勒出了水滴形状的杯体轮廓，而是在确立设计主题后于头脑中快速搭建水流、杯子形态及人的使用三者之间的逻辑关系。最后确定的形态便是如图中看到的样子。从顶部看，它更像一滴水的形态，故取名水滴杯。把手与最上端的口部相连，既是把手，也可将水从此位置倒出。若将勺子搁在此凹陷处，人们也能神奇地保持稳定地喝水。杯子的底部有一个托盘，托盘中心呈涟漪的形态，既与杯子底部形成嵌合，也犹如一滴水掉落水面时泛起的涟漪。

杯口的凹陷处既可以稳定地放勺子，又可以作为出水口将水从此倒出

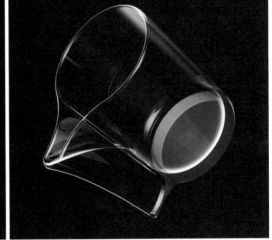

水滴杯内部结构

碗 BOWL

主题
HYGIENE
卫生

时间
2015
年

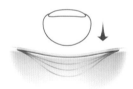

凹陷处提示了可被抓握的位置

　　这只碗的碗口边沿微微下凹，并绘以金色，提示了其功能性的存在。许多人并不能快速判断出它的准确功能，其功能描述是这样的：由于碗口是人手抓握与口部接触的共同区域，因此是非常不卫生的。借由金色的凹陷，我们人为定义了可被抓握的位置，并保留其余干净的碗口边沿给使用者。假如你无法想象它的必要性，让我们来设想一种情景：在一家装修精美的餐厅，一位服务生恭敬地端上一碗米饭，并提醒客人金边的用处以使其放心食用，客人是否会会心一笑？

碗口是人手抓握与口部接触的共同区域，非常不卫生

碗 | BOWL

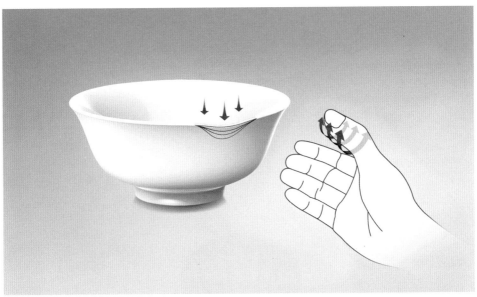

金色的凹陷定义了可被抓握的位置，并保留其余干净的碗口边沿给使用者

碗 BOWL

主题
EASY TO USE
易用

时间
2015
年

　　另一只碗的设计思考：当我们取握盛有烫手食物的大碗时，总是需要将手打开，并尽力握住碗的底部，而这一握姿也需要先将碗底移出桌面才可实现。有一种传统的碗，它的底部带有缺口，这便是出于人手伸入抓握的考虑。假设在设计之初我们只是考虑防烫的问题，而不仔细考虑碗的整体感受依旧需要保持简洁性，则可以出现很多看似有效的方案，而这样的方案也许并不恰当，很可能在解决了上述问题后又产生新的使用问题，如清洗的便利性等。于是我对碗身的中下部进行了改良，透过其截面，我们可以看到加厚部分的温度将适合手握。另一个思考点是碗底的造型设计，微微向外撇的形态使得碗在层叠倒扣时便于被抓起。

底部的缺口便于手指抓握

此方案虽然防烫，但却不易清洗

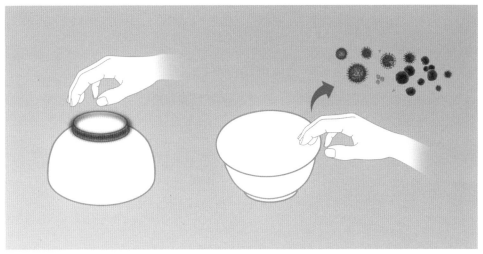

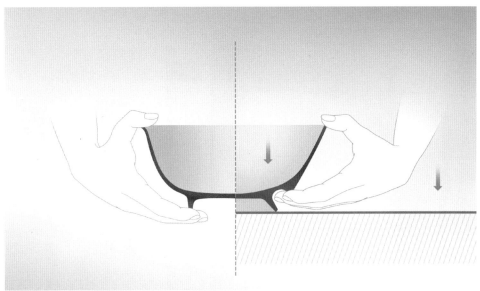

上：普通碗在倒扣时碗底不便于抓握，正向放置时抓握碗口很不卫生

下：这是普通碗与此碗的截面图示，红色代表烫手的部分，蓝色代表人手可抓握的部分。左边的是普通碗，在使用时，我们需要将其移出桌面，手部才能托住底部；右边的碗我们可以直接托住加厚的边沿

三叶草筷子　CLOVER CHOPSTICKS

主题

EASY TO USE
易用

时间

2016
年

三叶草筷子能方便地夹起光滑的食物

　　我将这组筷子的最前端设计成如三叶草般的造型。粗看便可发现其不同之处。中国传统器物中最具智慧的产品莫过于筷子，"天圆地方"的意识表达也同时巧妙地回应了功能需求（前端圆后端方，便于送食与搁放的双重功能）。东西方人在使用筷子这件物品时的感受是不同的，毕竟东方人从小便习惯用筷子夹取食物，于是不觉得有难度，而初习筷子者则觉得没有这么简单，因此，要对筷子进行改良，我便想从夹取的难度上进行考虑，将筷子的头部设计成三叶草形，这样筷子便能方便地夹起许多光滑的食物，如豆类。而将每双筷子的头部设计成不一样的颜色，则可以帮助每个人从筷筒中轻松地识别出自己常用的那一双。

普通筷子与三叶草筷子对比

三叶草筷子 | CLOVER CHOPSTICKS

月亮餐盘　MOON PLATE

<table>
<tr><td>主题</td><td>时间</td></tr>
<tr><td>**EASY TO USE**
易用</td><td>**2016**
年</td></tr>
</table>

这是一个盘子的设计。盘子的设计过程与杯碗的设计过程差不多，也需要考虑人们使用时的各种问题。从前面碗的案例中我们已经发现，对一个器物的改良设计往往可以解决不止一个使用上的问题，在这个盘子的设计中我便尝试了将多个问题同时解决。

并不是所有产品都可以同时改进多个问题，这主要取决于这些问题是否会形成形态上的矛盾冲突。假如没有矛盾冲突或碰巧能够以一个形态要素解决多个问题，是非常好的。

对我们来说，盘子一般是用来盛菜的，由于其功能性的需要，一般会将盘口做得比较大。而端盘子的时候，由于盘口与盘底的位置相距较远，因此我们常常只捏住盘子的边缘。这样，手上的脏污便会进入盛菜的区域。

另一个问题是：由于盘子一般呈较大的坡度，因此，人们在用勺子兜菜时往往缺少能将菜定位的面。许多时候为了把菜放入勺子，我们不得不借助筷子的帮忙，对于有障碍的人群则非常不方便。

想到这里后继续往下想，我发现盘子盛菜还有一个问题，就是当我们快吃到盘底时，总是有不少油剩在盘子里。这时如果不注意容易食入过多油脂，不利于健康。假如能将盘子的底部稍加改进，能否连带解决这个问题？

月亮餐盘结构示意图

分析之后，我发现上面的问题可以分别通过改进盘子边沿、盘底及盘子壁面来解决。由于我们需要将盘子手握与盛菜的区域加以区分，因此，比较好的方法是将盘子的口沿做平，这样会加大盘子的手握区域。这样的设计又使得盘子的内部壁面可以做得垂直一些，刚好成为勺子兜菜时需要定位的平面，适合单手操作的人群。最后，我将盘子底部的周围一圈设计成微微下凹的形态，当我们吃到最后会发现食物中多余的油会自动地跑到盘底边沿，与食物分开。盘底边沿的凹陷有微妙的形体变化，因此，在吃完食物后，盘底的形状像个月亮。月亮餐盘的名字由此而来。

盘子底部的周围一圈微微下凹，在吃完食物后，盘底的形状像个月亮

23 | 关于汽车的微设计
MICRO DESIGN ABOUT THE CAR

关于汽车的微设计

MICRO DESIGN ABOUT THE CAR

　　汽车设计给人的印象经常是动感的曲面和高级的内饰。我们习惯于从外部形态的美感定义其具有的价值。而汽车作为产品，也一定会有各种在使用功能上可以突破的地方。最起码，汽车是高速行驶的物品，它的设计与人的生命安全息息相关。许多时候，人与物的接触过程并非在真空环境下完成，我们时常会遇到变量的产生。假设一种经常可能发生的情形：在艳阳高照的午后，当你驾驶着一辆汽车快速进入隧道时，眼睛由于早已习惯了强烈的日光而产生短暂性视觉困难。这时的问题已不再是人与汽车两者之间的关系问题，而是加入了行驶环境的变化及人的适应感受变化等要素。由于人的生物特性，我们的感官受环境因素的影响很大。对于汽车这样一件产品，它的使用场景是不断切换的，也就是说，人们在移动的路面上会产生各种突发事件，这也要求其不仅要考虑外观及操控流畅性上的功能，而且需要对各种可能发生的情况提出设想与结果预估。

汽车的设计与人的生命安全息息相关

变色仪表盘　　SPEED GUARD

主题	时间
SAFETY 安全	**2012** 年

　　这是一款会变色的仪表盘。通常仪表盘的功能是显示各项行驶参数，如速度快慢、油量多少、行驶里程等，而这款仪表盘的最大特点在于可以提醒驾驶者控制车速。许多国家都有路面限速，每条路的限速又并不相同，驾驶者往往会由于超速而造成事故。超速的原因有多种，有的属于驾驶者主观超速，有的则是因为汽车上安装了减速玻璃，驾驶者并未留意超速行为的发生。这款仪表盘与 GPS 定位相连接，当汽车行驶速度超过当前路面限速时，仪表盘显示色彩由蓝色变为红色，提醒驾驶者注意。

这个设计概念所运用到的原理是利用人们对环境发出的信号所具有的不自觉作用。根据詹姆斯·吉布森的Affordance理论，我们知道环境为人的行为提供行动条件。人在接受环境发出的信号后具有本能的回应性，仪表盘的动态颜色变化反复提醒驾驶者形成对超速问题的警觉。

　　在这里，动态的概念非常重要，它不等同于静态下的色彩提醒。动态信息对人的警示具有一定程度的诱导性，人的注意力容易被动态的信息所吸引，这一点在许多实例中都有所体现。比如我们可以分析一下红绿灯，虽然红色具有让人警觉的效果，但有一些人依然对处于静态下的红灯熟视无睹。红色若只作为一种颜色存在，其警示作用并不具有强烈的行为影响效果。正如红色的花朵一样，自然界存在许多种带有这种颜色的物质，其本身并不具备攻击性或破坏力。

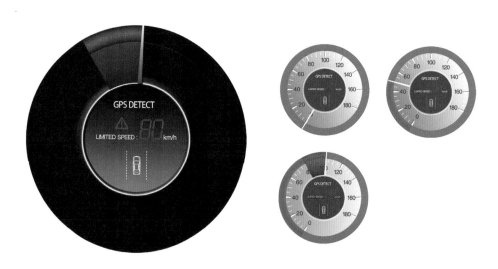

当汽车行驶速度超过当前路面限速时，仪表盘显示色彩由蓝色变为红色，提醒驾驶者注意

借助变色仪表盘可引导人们产生良好的行为习惯

　　人类的祖先通过火来驱赶动物，火具有毁灭物质的特性。一直以来人类对火具有与动物一样惧怕的本能。动态火苗的形象一直植根于人类的内心，因此，人们总是用闪动的红色作为提醒的基本方法。于是我们想象一下便会发现，警车上闪烁的红色对人心理造成的影响应该与红绿灯有所不同。

　　变色仪表盘的动态色彩提醒对人的生理并不具有绝对强制性，但在心理上具有信息暗示的强调性。正常生理状态下的人虽有可能短时间刻意回避这样的信息暗示，却很难摆脱内心希望获得安全的本能渴望。基于这样的思考，我做了这个设计，并希望借助物的引导使人们产生良好的行为习惯。

会说话的汽车　A TALKING CAR

主题	时间
EMOTION	**2013**
情感	年

微设计——造物认知论
MICRO DESIGN - COGNITIVE THEORY OF CREATION

这是一辆"会说话"的汽车。引发这个设计构想的起因是自己在一次上班途中的堵车经历。红绿灯的间隔时间很短，导致汽车排成了长龙。从一个小区大门出来的汽车，被迫以插队的方式进入车流。这样的行为引起了排在后面汽车司机的不满。虽然插队行为造成了人们之间的矛盾，但细想起来，整件事情也不能完全归罪于从小区内出来的司机。事实上许多时候人们并不具有选择权。

对于上面这个问题，我试着寻找一种能够妥善解决它的有效方法。选择自驾出行的人越来越多，各种道路标记及对人的行为限制客观上不能很好地解决车辆之间产生的矛盾。假如人们能够互相谅解，矛盾就可以得到缓和，而一种友善的交流方式应该是我们共同需要的。问题在于驾驶者被封闭在汽车内部，这也使得交流变得困难。假如我们可以借助文字或图形的方式在汽车外部生成一种自我内心情感的表达，应该有助于矛盾的缓和吧！于是我将汽车的后窗改进，加入了 LED 显示，用以表达驾驶者想说的话。

汽车后窗的 LED 显示，用以表达驾驶者想说的话

驾驶场景

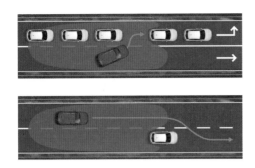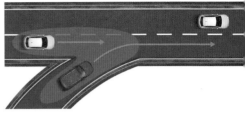

被迫变道的几种情境

　　在具体制作图形或语言文字时需要考虑的是置入的内容。我设想出若干种形成矛盾的具体情境。比如几种被迫变道的可能性，抑或是由于打开大灯对迎面车辆造成的视觉影响等。依据这样的情境，我们便可以进　步想象信息的内容了。它可以是一个表示歉意或感谢的词语，或是一个具体的理由（诸如"赶飞机""去医院"及"请关掉大灯"等），当然还可以以一个笑脸表达内心的感激之情。在技术环节，我们已具备较为成熟的 LED 技术，未来还可形成更多有趣且复杂的图形，以较好地完成人与人之间沟通的任务。

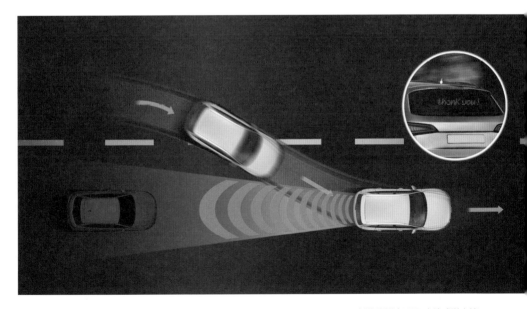

变道后通过 LED 表达感激之情

会说话的汽车 | A TALKING CAR

双腔轮胎　TWO-PLY TYRE

主题
SAFETY
安全

时间
2014
年

　　这个设计概念源于我对汽车备胎的观察。存放于汽车后备箱底部的备胎由于受到存储空间的限制，且作为短时间应急之用途，往往被设计成较普通车胎狭窄的造型，其宽度约为普通轮胎宽度的 2/3。这说明若只使用大约普通车胎一半的腔体，则几乎不影响汽车的正常行驶。

备胎宽度约为普通轮胎的 2 / 3

当我们行驶在高速公路上时，若车胎突然爆破，则会出现方向偏移的危险。

这个轮胎的中间有一条红色的线，以它为分割线，我将轮胎设计成了内部带有两个腔体的结构。这两个腔体相互独立，当一个被戳破时，另一个保持完好。于是整个轮胎不会立即瘪掉，可以在行驶一段时间后从容地寻找地方更换轮胎。

轮胎的两个腔体相互独立

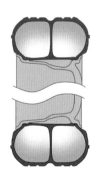

双腔轮胎结构示意图

双腔轮胎 ｜ TWO-PLY TYRE

变色轮胎　DISCOLOR TYRE

主题	时间
SAFETY 安全	**2011** 年

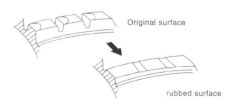

Original surface

rubbed surface

轮胎磨损示意图

这是另一个关于轮胎的设计。与上面利用产品本身的结构改变来应对事故的发生不同，这个设计以色彩来完成对隐性危险问题的提示。以往的产品设计并不经常将时间要素列入对产品设计的同步思考范围之内。这里所说的并不是产品的使用寿命问题，而是不常将产品使用一段时间后所产生的新问题列入考虑的重要方面加以应对。

有些问题在产品使用的初期并不明显或并未产生，而随着时间的推移将逐渐演变成具有决定性的重要问题。比如在轮胎长时间使用后，表面由于磨损逐渐变薄，极易被硬物戳破而发生问题。而轮胎磨损变薄的过程常常不易被人发现。这个轮胎的设计概念是将胎体的内部替换成彩色橡胶材料，这样轮胎在磨损到达一定程度后自然显露出耀眼的橘红色，以提醒驾驶者及时更换轮胎。

对隐含问题的提示是产品设计的重要方向。这样的信息提示往往成为引导行为的重要因素。这里运用到的设计元素与变色仪表盘一样同为色彩，可见色彩在对物的信息提示上具有多种功能。

在轮胎长时间使用后，表面由于磨损逐渐变薄，极易被硬物戳破而发生危险

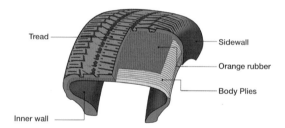

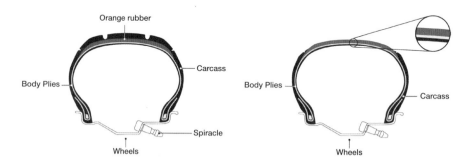

变色轮胎结构示意图

24 包装设计新灵感
NEW INSPIRATION FOR PACKAGING DESIGN

包装设计新灵感

NEW INSPIRATION FOR PACKAGING DESIGN

　　我也尝试用"微设计"的思维方法做了一些包装设计。由于包装涉及的产品种类多样，我们便可以产生包装设计的新思路。由于物品形态上的差异、取用方式、展示方法、环保性、使用方面的特殊问题等又会出现一些有趣的案例。以往在产品包装上的设计思路多呈现为美观性与品质性的提升，但在使用产品或吃食物时可能会遇到包装造成的不便。

　　举例说，当我食用蜂蜜时，总是困扰于如何将它从罐子里取出并放入杯中。对于蜂蜜这样一种带有甜味且黏性很强的物质，我们似乎不太应该用宽大的罐口配合勺子盛取，而是用小口径的瓶子挤压出蜂蜜较为合适。

包装造成的不便

包装造成的卫生问题

再比如，有些罐装饮料的拉环设计没有充分考虑到人们饮用的卫生问题。有一种罐装饮料为了将拉环与饮料罐保持连体，在使用时需要把前端薄片部分下压，于是薄片部分正好浸入满罐的饮料中，很不卫生。而日常堆放饮料的仓库及运输途中都伴有大量的细菌。假如在罐子口部加贴用于防菌的保护膜，则会有效解决上述问题。

我在与海尔公司谈及家电包装的浪费问题时曾有过一个概念：我们是否可以将家电的外包装箱依据尺寸型号设计出可被利用的纸质产品，比如在取出冰箱后，可以把纸箱根据内部预先设计好的折线变形为一张小椅子；或是把桌面家电的包装箱改造成一个手机扩音器等。我们还可以让小朋友加入这样的 DIY 手作游戏，帮助他们从小建立环保的理念。

在诸如上述这些新思路的引导下，下面的几个包装设计产生了。

方糖盒 CUBE SUGER BOX

主题
EASY TO USE
易用

时间
2015
年

请释放方糖盒

| PLEASE RELEASE THE CUBE SUGER BOX

　　由于运输需要，方糖总是以最精简的方形进行包装，工厂将一块块方糖叠加排放于方盒内，形成最小的运输体量，以节省成本。西方人习惯将买来的纸盒方糖倒入方糖罐，在食用时以特定的器具夹取。而许多东方人并没有经常食用方糖的习惯，于是许多人在打开纸盒后常常遇到一个棘手的问题：由于方糖与方糖之间紧挨着，因此，想要取出第一块方糖就非常困难，且每一排都会遇到同样的问题。有些方糖品牌为了解决方糖取用的问题将盒子设计得较大，但这样在运输过程中容易造成方糖破损。

方糖盒 | CUBE SUGER BOX

盒子的侧面增加了一个可以折叠的三角空间

　　这个方糖盒初看与普通的盒子没有太大差别，只是在普通方糖盒的基础上，在盒子的侧面增加了一个可以折叠的三角空间。运输过程中方糖盒仍是普通的方盒子；当我们取拿方糖时就可以将里面隐藏的三角空间拉开，晃动一下后，内部的方糖就会以不规则的状态叠加，便于我们拿取。

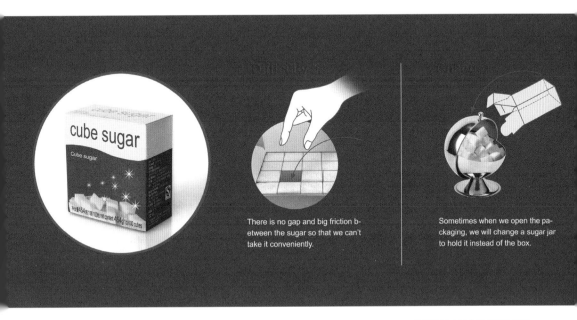

There is no gap and big friction b-etween the sugar so that we can't take it conveniently.

Sometimes when we open the pa-ckaging, we will change a sugar jar to hold it instead of the box.

使用传统方糖盒时出现的问题

I. **Initial**

2. **Deform**

3. **Fixed**

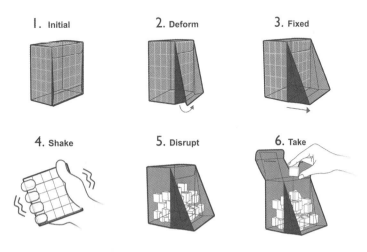

4. **Shake**

5. **Disrupt**

6. **Take**

新方糖盒使用步骤图示

牙膏 TOOTHPASTE

主题
EASY TO USE
易用

时间
2016
年

挤牙膏的乐趣

| SQUEEZING TOOTHPASTE

  牙膏的包装也是可以设计的。早期的牙膏外包装用锡、铝等金属材料制作，现在都用塑料制作。我们一直以"挤牙膏"比喻人或事难以往前发展推进，可见挤牙膏的过程比较辛苦。牙膏作为一种膏状液体，在管子里形成难以聚拢的特性，因此，我们往往需要有规划地向前推挤才不至于浪费它。而被挤出的量则取决于我们用力的大小。被挤出的牙膏会在牙刷表面形成不规则的形状，假如我们不小心多挤了一些，一般也不会太在意。

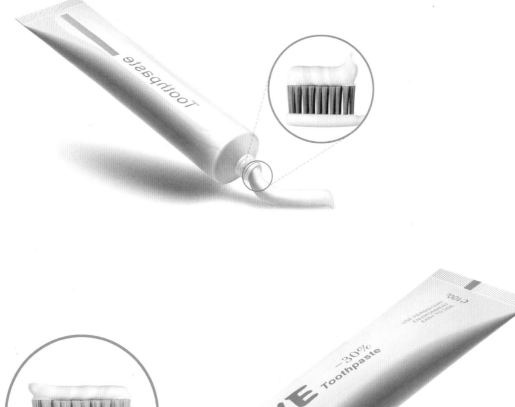

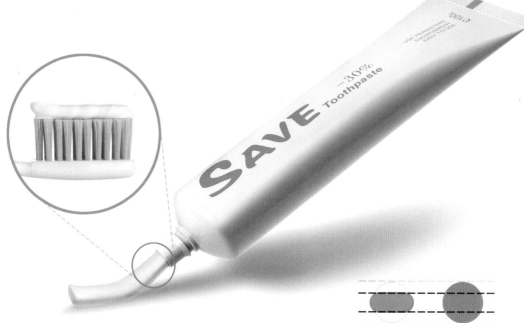

圆形出口与扁形出口对比

一次我买到了一支牙刷，虽然刷起来较为舒服，但是却有一个美中不足的情况：牙刷无法平稳地搁在牙杯口沿。有时我们会在挤完牙膏后顺手把牙刷搁在牙杯上面，处理一下别的事。而如果碰到这类牙刷，原本挤好的牙膏就已经掉到桌上了。

　　另一方面，如果我们用常规口径的牙膏将牙刷挤满，则会发现用量过大，有些浪费。

　　结合这样的问题，我将牙膏管的头部进行了重新设计，把原本圆形的出口截面设计成了扁形。这样挤出的牙膏呈扁平状，既能对牙刷有很强的附着力，不易掉落，同时有利于将牙膏平均分布于整个牙刷面，具有很好的使用性，也节省了牙膏。

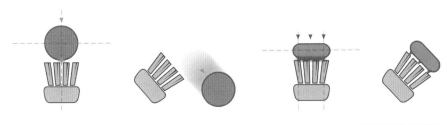

扁平状牙膏不易掉落

倾斜杯包装　BEVEL CUP PACKAGE

主题	时间
EASY TO USE 易用	**2015** 年

请用力戳破我

| PLEASE POKE ME HARD

这是倾斜杯的外衣。

　　在设计这个包装时，我的头脑中快速闪过了几个不同的念头。我总是希望将不同的功能诉求很好地融合在一个形体当中，当然也需要在形体中传达微妙的美学意识，让人们在思考后得出"这是个准确的形体"的评价。为倾斜杯做一个包装是我一直在

利用纸浆压模成形

想的事，原因首先当然是希望为这个杯子量身打造一个属于它的包装。我一直觉得简单的事物是需要被尊重的，因为它们可能蕴藏了我们不知道的秘密。倾斜杯也是一个需要仔细观看的产品，而它的包装应该是怎样的呢？

从杯子的包装角度讲，最重要的事应该是运输过程的牢固性。由于内部承载了易碎物，使得几乎每个快递公司在得知寄送物品为杯子时都要求进行产品防护，还有的甚至拒绝接收，因此，假如能为它制作一个防冲撞的内部结构将会是一个好办法。如果要根据杯子的形体来做包装的内部形态，则最好的方法是利用纸浆压模成形。而外部的形态需要与内部形成中空的腔体才可以完成防撞的任务。这样就需要将内部与外部分成两个形态单独开模制作，并进行黏合。

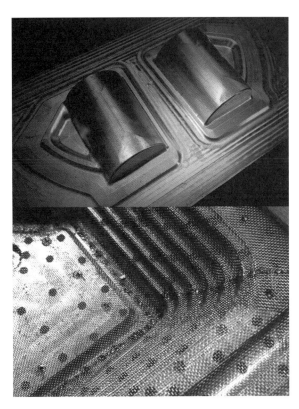

倾斜杯包装制作模具，金属网帮助脱模且能够增加包装表面肌理

　　外部形态的设计以倾斜杯为基本轮廓，并附以阶梯状的棱面层层扩大。另一个具有微设计思考的地方在于其打开的方式。试想如果拿到一套塑封膜餐具你会如何打开？许多人选择用筷子将其戳破！这虽然是个稍显暴力的方式，却也存在着某种合理性。由于倾斜杯的包装也将用塑封膜包裹，因此，最终选择在盒子正面的中心处以凹陷的造型形成人手的突破口，这样既方便，也不至于损伤盒体。

报警器包装　SMOKE DETECTOR PACKAGE

主题	时间
EASY TO USE	**2015**
易用	年

从斜角打开的报警器

这是为日本 COSMOS 集团设计的烟雾报警器包装。

在接到包装设计的任务后，我耐心听取了企业对设计的诉求。由于在将报警器返厂维修时用户多半已丢弃包装，因此，企业希望新包装能够被用户长久保存。另外的要求是尽可能提升外包装的视觉品质。

在得到这样的反馈后，首先要做的事是调研电子产品可以使用的包装材料。在比较了各种材料及其他同类企业的包装选材后，可以基本确定此类产品的包装应选用纸材作为基本材料。之后为了达到让用户不轻易丢弃包装的目标，选择使用厚度为 2 毫米的刚性纸板。在对圆柱体、正方体、长方体三种基本形体进行各项指标的评测后得出结论：圆柱体在货物容量及运输装箱率上最不可取，而正方体与长方体在货物容量及装箱率上各有优势，因此，需要根据产品作具体选择。

在分析了 COSMOS 产品的各项配件后，我们对盒体的空间排布进行了变换。由于配件数量相对较多，我们打破了常规方式，将盒体的对角线作为开合口，并将产品以对角线为轴从大到小依次往两边排布。最终呈现了一款富有体验感的包装形态。

在说明书的设计上，也考虑到用户翻折时容易出现无法收拢的问题，于是将说明书设计成了折页的形态，方便使用。

报警器包装分解图

25 | 其他"微"不足道之物
OTHER "INSIGNIFICANT" THINGS

透明胶带 SCOTCH TAPE

主题

EASY TO USE
易用

时间

2013
年

透明胶带是一种较为常见的文具。这个设计是针对使用透明胶带时的不便而产生的新概念。当我们在使用普通透明胶带时，常常烦恼于找出胶带上面的撕口。即便找到了，也一下子难以分清撕口方向或容易将起头部分的胶带损坏。这款透明胶带的设计就是为了解决寻找撕口的问题。其操作原理很简单，只是去掉胶带左右两侧一小部分的胶水（图中左右两侧深色部分）。如图所示，使用者只需用单手便可将撕口快速拨出。这样设计的好处在于：首先是能够帮助使用者快速找到撕口并能毫不费力地将其撕开；其次，若将其贴在箱体上，则也容易帮助揭开胶带，传统的办法是借助刀片之类的工具破坏胶带，而那样做有可能损伤箱子内部的货品；第三个好处是在进行大批量生产时能够为制造商节省大量的胶水。

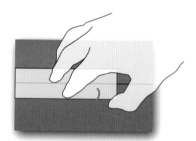

Open the seal difficultly

Tear following the unglued edges

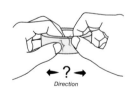

Direction

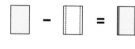

USE PROCESS

使用示意图

透明胶带 │ SCOTCH TAPE

一根吸管　A STRAW

主题	时间
EASY TO USE 易用	**2013** 年

　　这是一根略有不同的吸管，若不是借助标示恐怕很难分辨。

　　它与普通吸管的区别在于其可折弯关节的下方。此部位略有收缩，直至底部，其造型呈微弱增大的趋势。这样设计的目的是为了解决盒装饮料内外气压的平衡问题。喝过纸盒包装饮料的人都会有这样的感受：由于纸盒较软，且盒子内部缺少空气，故在插入吸管的一瞬间容易发生液体的外溢。当饮料慢慢减少后，人们吸出液体的同时会伴随纸盒的变形，直至口部离开吸管，空气进入后，纸盒逐渐恢复原状。导致这种状况的原因是纸盒内外的空气压强发生变化。当我们使用这个吸管后，将较大直径的末端插入孔洞，当吸管的较小直径部位停留在孔洞部位时，孔洞与吸管间留有一定的缝隙。这样的缝隙可帮助空气进入，从而避免外部大气压强将纸盒挤扁。

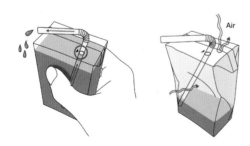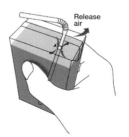

吸管与插孔间形成的空隙有利于保持盒体内外气压平衡

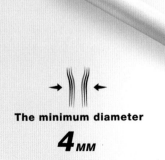

The minimum diameter
4_MM_

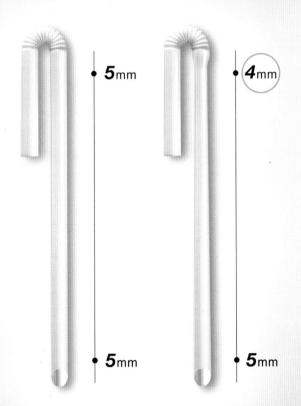

5mm

4mm

5mm

5mm

墨水瓶　INK BOTTLE

主题	时间
EASY TO USE 易用	**2013** 年

　　大概自从人类发明了钢笔后就有了墨水瓶吧！而从早期到现在，钢笔有一点几乎没变：好的钢笔吸墨口离笔尖似乎都有一段距离。用过钢笔的人都会有一种感受，在墨水快用完的时候总是烦恼如何用尽瓶底所剩无几的墨水。我们时常将瓶子侧过来，利用角落的凹陷将墨水吸干，这种经历大概用过钢笔的人都有吧！

　　这个墨水瓶从表面看与一般墨水瓶无异。而它真正的优点在于它的内部。我对墨水瓶内部的底面进行改良，使它渐渐向中心倾斜，并在正中间设计了一个锥形的凹陷。这样，墨水将会自动汇聚到中间的凹陷处，使我们能够很方便地吸完所有的墨水。这是一个简单而实用的设计。

墨水瓶底部渐渐向中心倾斜，在正中间形成锥形凹陷

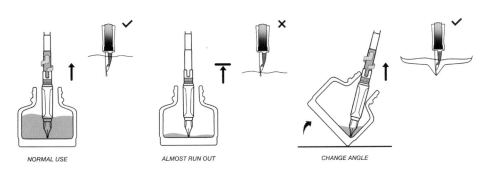

NORMAL USE   ALMOST RUN OUT   CHANGE ANGLE

墨水瓶 | INK BOTTLE

刻度剪刀　SCALE SCISSORS

主题	时间
EASY TO USE 易用	**2016** 年

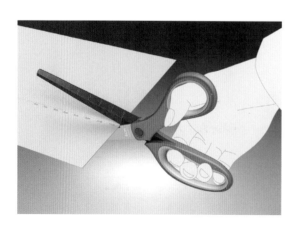

这是一把带有刻度的剪刀。

我最初认为剪刀是能够剪碎物品的工具。传统剪刀除了追求刀口锋利外，一般还会在形式上寻求变化，或者通过增加功能及改善使用方式而提高剪刀的实用性。我们比较容易想到的思考角度如：增加开瓶器的功能，为特殊人群的设计（如裁缝、儿童、残障人士等），或针对不同使用场合设置剪刀类型（如修剪花木的剪刀）等。这些思维方向将产品概念以较大的跨度展开联想，是头脑风暴的基本思考方法之一。假如依据一把剪刀的具体操作流程展开分析，应该也会发现一些不错的概念吧！

这款剪刀的功能点定位是文具应用类方向。我发现人们在剪纸的时候经常需要剪出特定尺寸与规格的纸。传统的办法是拿尺、笔将所要裁剪的区域量出来并画好，但这样做既浪费功夫也会在纸面上留下痕迹。而新的概念是将剪刀的头部印上刻度，当我们剪纸时，从根部起始点开始便可以准确记录刀头剪过的距离，使用者可对自己剪下的长度一目了然。

这个设计需要特别考虑的是避免剪刀合拢后数字的遮挡问题，以及人的视线与数字刻度呈现角度的匹配性问题。在对刀头造型进行一番修改后，这个问题得到了解决。

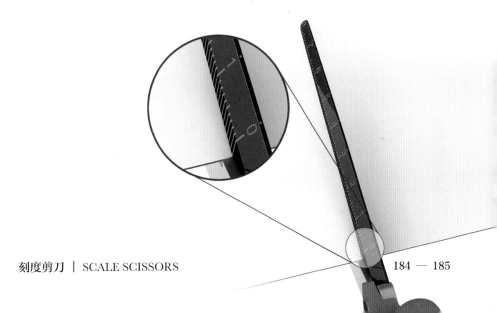

刻度剪刀 ┃ SCALE SCISSORS

输液器　INFUSION TUBE

主题	时间
EASY TO USE 易用	**2013** 年

　　当人们在医院输液时经常会遇到一个人无法处理的困境，比如由于疲劳而不知不觉熟睡，醒来后发现药液已输完，这可能会导致血液倒流。形成血液倒流的原因主要是药液流完后，输液管内外的压强发生变化，人体内的血压高于管内气压，于是人体血液通过输液管流出。有没有较好的办法来解决上述问题？

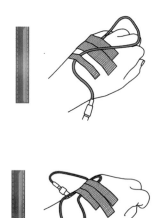

当药液输完时可能形成血液倒流

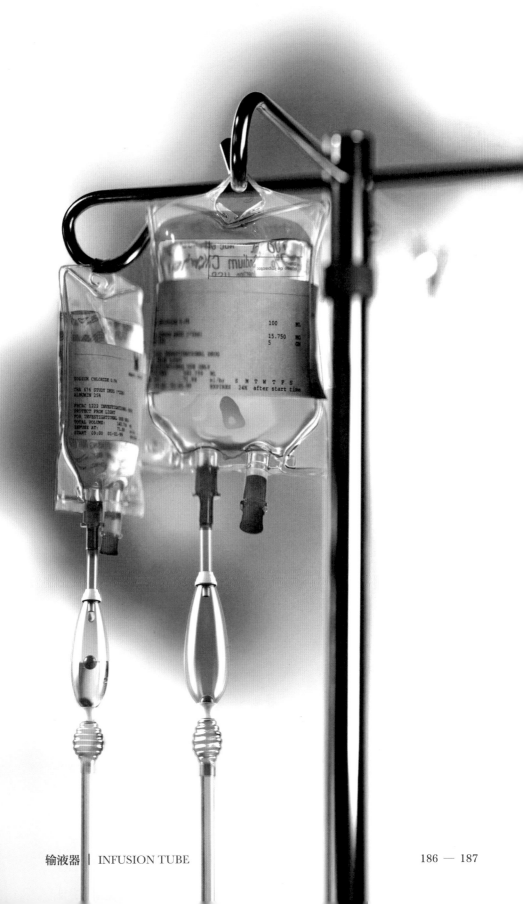

输液器 | INFUSION TUBE

这里有几种思路。我们可以想象输液器具有一种报警功能，当输液完成后会自动提醒，而提醒的方式可以有多种，可以通过警铃的方式，也可以通过闪烁的灯光。问题在于假如人们处于熟睡状态，则很可能忽略这样的提醒。另一种设想是既不作任何提醒，也不让血液倒流入输液管。我们知道血液倒流的主要原因是压强的问题。这里也可能出现两种情况：一种是在药液输完后保持管内气压与人体血压的一致，另一种便是不让药液全部输完。第一种的问题在于一旦药液输完，管内就只剩下空气，如果空气进入人体就可能产生危险。第二种选择只需要将最后的药液设法留在管内就可以了。

　　于是我产生了这个新的想法：我在输液器的滴管部位增加了一个空心的小球。当药液未输完时，小球漂浮于液体上；而当药液全部输完后，滴管内液体水平面下降直至小球堵住输液管，并将下端输液管的药液密封在管内。这样一来，病人便可以放心大胆地睡了。

　　在滴管的下方还设计了一个用于手捏的球泡。当我们需要更换药液时，也可挤压球泡将小球顶上来，使其重新发挥功能。

　　这个设计所运用的原理较为简单，且没有利用其他电子设备。这是我比较希望得到的结果。

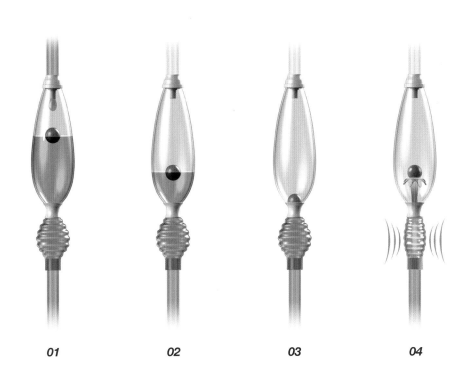

01　　　02　　　03　　　04

输液器设计原理示意图

输液器 ｜ INFUSION TUBE

痕迹墙纸　TRACE WALLPAPER

主题	时间
SAFETY 安全	**2014** 年

这是一种可以显现痕迹的墙纸，准确地说，它是能够显示空间中二氧化碳浓度的墙纸。

在正常情况下，它的外观与普通墙纸并没有不同，但当室内的二氧化碳浓度超过正常值时，墙纸的颜色就会发生变化，以及时提醒室内的人们保持空气流通或到户外呼吸一下新鲜空气。

它使用 PEI 塑料技术，能将二氧化碳吸附在上面进行检测。当受热后墙纸又会重新释放二氧化碳，可以不断循环使用。

它可以广泛应用于人流密集的场所，如学校教室、电影院、公交巴士等；或是需要保持空气新鲜的室内环境，如卧室、病房等，有助于帮助人们快速判断室内空气质量并及时做出调整。

痕迹墙纸 ｜ TRACE WALLPAPER

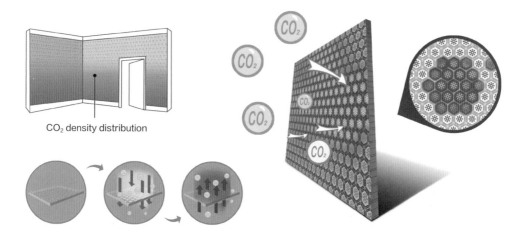

CO₂ density distribution

痕迹墙纸原理示意图

痕迹墙纸应用场景 1

痕迹墙纸应用场景 2

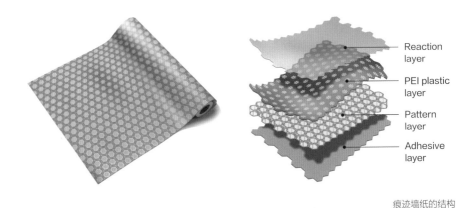

Reaction layer

PEI plastic layer

Pattern layer

Adhesive layer

痕迹墙纸的结构

痕迹墙纸 | TRACE WALLPAPER

船只缓冲器　SHIP BUFFER

主题	时间
EASY TO USE	**2014**
易用	年

船只缓冲器 ｜ SHIP BUFFER

船只缓冲器的工作原理

这是一个偶然想到的船只缓冲器的概念。

船只在靠岸时往往由于惯性还带有一定的冲击力。通常，我们只能依靠船体的缓慢滑行减速使船身慢慢平行停靠于岸边，这样会浪费大量的时间，且船与岸的碰撞经常会对船体造成损坏。传统的方法是在岸边加装一些旧轮胎之类的缓冲装置，以保护船体。

这个缓冲器的设计利用了造型的伸缩结构原理，使得船体从任何角度撞击岸边都能得到均匀良好的保护。单体结构以塑料制成，在常规状态下保持舒张性，在受到船体冲撞后弯曲，在被损坏的时候可进行单个模块的更换。

模块化伸缩结构

缓冲器受船体冲撞
后的状态示意图

26 | 爱心药箱
CARING MEDICAL KIT

爱心药箱 CARING MEDICAL KIT

主题
VULNERABLE GROUPS
弱势群体

时间
2014
年

　　这既是一个用于救助弱势群体的设计，也是一个"积微"的设计。它所针对的人群是社会上无家可归的流浪者。流浪者没有固定的居所，风餐露宿，生活窘困。通常我们容易想到的是改善他们恶劣的生存环境。但影响他们的其他问题还有感染疾病。由于无法得到有效的医疗救助，每年有大量的流浪者死亡。是否可以将普通人的微小力量累积起来，形成对流浪者的帮助？

爱心药箱 ｜ CARING MEDICAL KIT

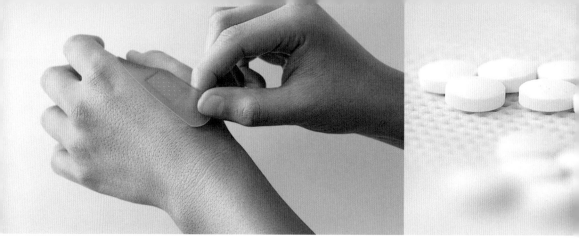

可放入救助箱的应急药物

　　我的设想是设计一个用于公共场所的爱心救助箱。每一个行人可以将自己钱包里的零钱投进去，这样慢慢累积起来将会达到一定的数额。而救助箱内存有临时应急用的药物（如阿司匹林等），当流浪者需要药物时，便可以免费领取。救助箱上还有用于紧急援救的呼叫电话，当病情严重时也可以使用。

　　个体微小的力量有时会对他人产生巨大的帮助，且大部分人也具有帮助弱势群体的主观意愿。基于这样的想法，相信这个设计已经具备实现的可能性，也一定会由于大众的参与而获得良好的社会效应。

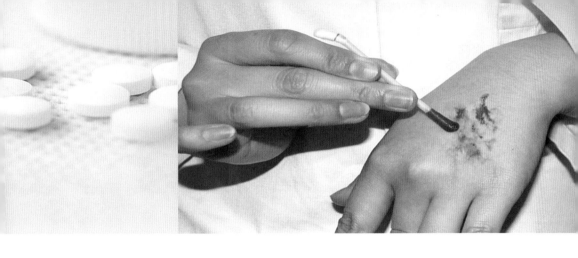

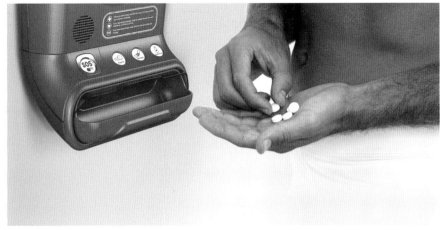

上：路人投入零钱；下：流浪者领取药物

爱心药箱 | CARING MEDICAL KIT

27 | 为了通用的设计
——盲人菜单

FOR UNIVERSAL DESIGN – BUMP MENU

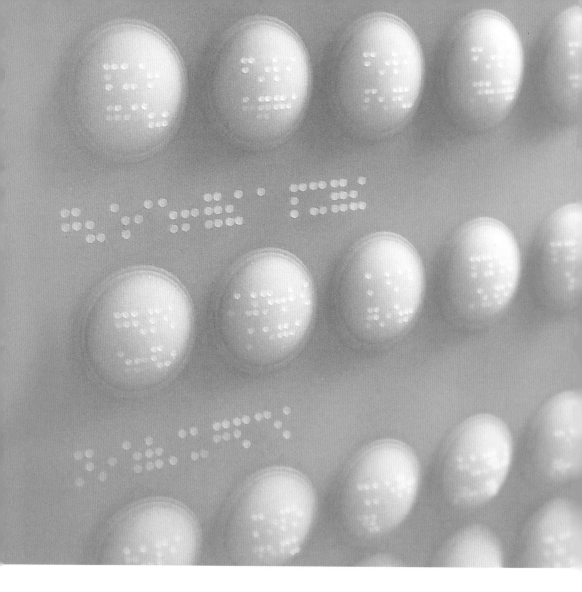

为了通用的设计

FOR UNIVERSAL DESIGN

盲人菜单　BUMP MENU

主题	时间
BARRIER–FREE DESIGN 无障碍设计	**2013 / 2017** 年

　　关注弱势群体，我们不仅要站在正常人的角度思考问题，更应从残障人士的视角仔细发现他们的需求。比如盲人在许多时候都会遇到普通人不会碰到的困难。没有视力的人最难做的事情是形成对应性的操作，如将鞋子放入鞋架，将开水倒入壶中等。许多人可以通过视觉提醒来做的事，盲人只能通过大脑的记忆来完成。就拿点餐来说，饭店里琳琅满目的菜品对正常人来说也很难快速抉择，更何况是没有视觉的盲人？他们通常是对服务人员报给他们的菜单名称形成快速记忆，然后加以判断。但几十种菜需要记住是很难的，也无法一一报出。许多盲人为了不麻烦服务人员只能选择常点的菜品食用。

　　这个盲文菜单就是针对盲人在饭店点餐而设计的。它是一个用橡胶与塑料制成的薄片，上面有许多半圆形的突起。每个突起上用盲文印有一个菜品名称，使用时只需将中意的菜品突起往下按就可以形成选择。假如想取消餐点，也只要使凹陷回弹即可。这样盲人就不必担心服务人员在边上站得太久以至于匆匆下单。

　　另一个好处是这个菜单可以被反复使用，且避免纸张的浪费。

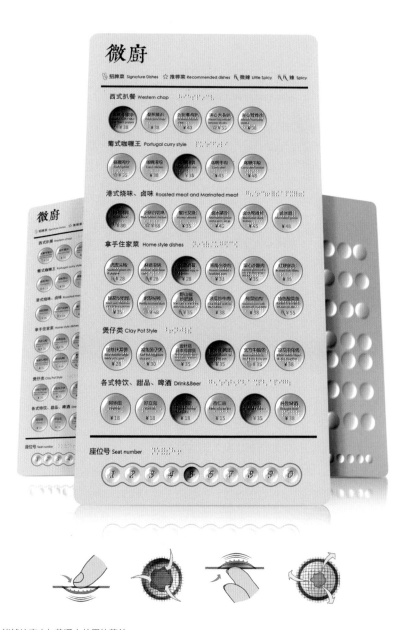

能够让盲人与普通人共用的菜单

2017 年我对这个方案进行了改良，将凸起部分用透明硅胶材料制作，背面印有文字，可同时适用于普通人与残障人士。

28 | 蹲便姿势与辅助便器
SQUATTING POSTURE AND SUPPORTING UTENSIL

蹲便姿势与辅助便器

SQUATTING POSTURE AND SUPPORTING UTENSIL

排便器具　　SUPPORTER

主题	时间
BARRIER–FREE DESIGN 无障碍设计	**2006 / 2014** 年

　　我曾花了多年时间研究人机工程学问题，这里向大家介绍一个我的研究课题——关于人体排便姿势与对应的器具研究。

　　人机问题需要从功能性的结论推导出产品合理的形态，以帮助人们达到舒适地使用产品的目的。许多产品具有相对成熟的形态，因此，我们只需要结合功能需求对原有形态进行改良便可以了，但有些全新功能的人机产品并不一定具有我们熟悉的形态，往往可能连使用的基本姿势都不确定便开始了设计，这样的产品会有一定的设计难度。

 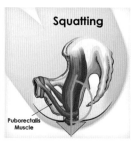

坐姿与蹲姿对于直肠排便的效果分析图

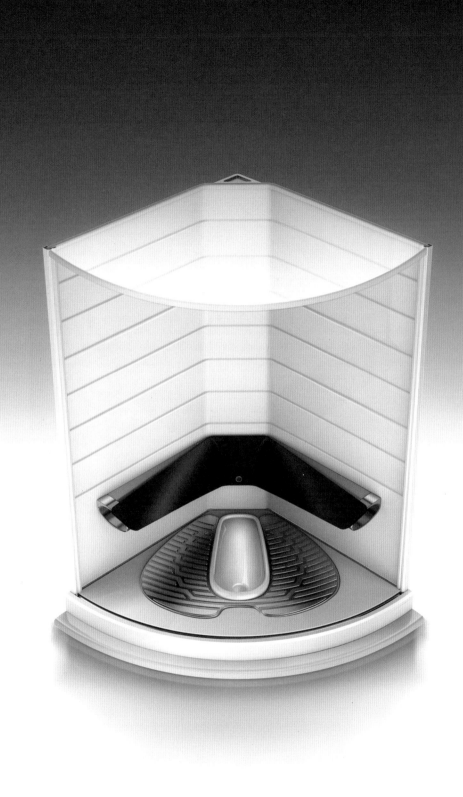

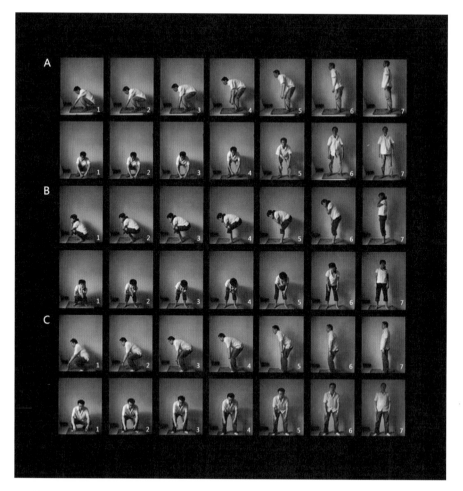

不同性别、身材的人体起身姿势分析，用于对起身辅助器物的想象评估

　　这个课题的确立源于我的导师陈晓蕙教授，她曾启发我对女性排便障碍问题进行思考。通过观察，我逐渐发现排便的生理角度与排便的顺畅性有着密切的关联。据研究表明，人体直肠的特殊结构决定了我们采用蹲便的姿势比坐便姿势更具有排便的通畅性。在这个结论下将产生两个方向：一是改变现有坐便器的形态，使它更符合蹲便的姿势；另一个是在现有蹲便器的基础上增加用于人体倚靠的装置。在这两个方向中我选择了后者。

　　下一个问题接踵而来：究竟是一个什么样的姿势呢？在我们不确定姿势的情况下如何进一步推导出便器的外观形态？在进入设计之初这是首先要思考的问题。在分析了一些方法后，我用一个名为 Poser 的三维人体软件辅助制作了几种基本的人体姿势，并对辅助器具可以支撑的人体位置进行了分析。

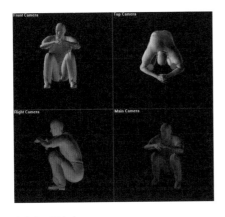

身体中正受力点

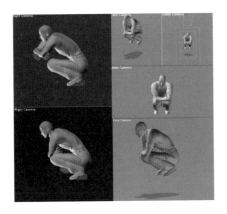

身体前倾受力点

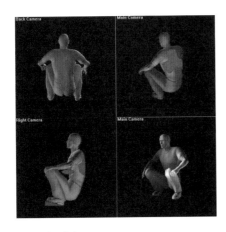

身体后靠受力点

在这之后，我又利用 Poser 软件制作了一系列采取不同蹲便姿势的人体数模。虽然同为蹲便，但是存在姿势上的微妙不同。比如有的以左右对称姿势站立，有的则是不对称的。这样分析的原因在于，根据不同的人体姿势所做的器具，哪怕姿势上有微妙的不同也会产生完全不一样的器具形态。另一个制作人体数模的好处在于它可辅助完成产品绘图及建模设计。

这三张图是蹲便辅助支持器具设计的前期人机分析图。图中分析了理论上的三种不同重心方向的人体姿势，分别是：中正、前倾和后靠。图中红色的区域为在理论上成立的人体支撑点，蓝色的区域为经由人体倾斜而产生的足部垫高。通过图示，我们可以很清楚地概括人体可能存在的三种不同的蹲便重心，以及相对应的最有可能形成的受力支撑点。当然，人体的支撑部位还有很多，只选择上述部位的原因在于：多数人出于卫生的考虑不希望支持器具太靠近臀部，甚至希望在公共卫生间尽可能不接触任何器物。

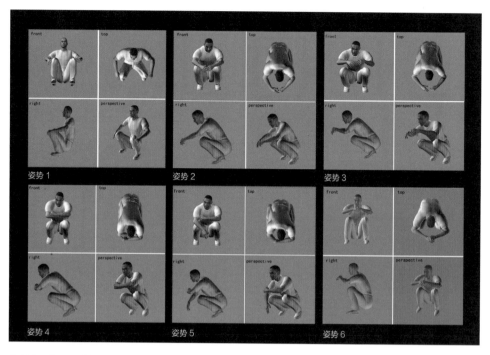

从上述三种不同重心的人体受力分析图发展出来的人体姿势图

　　这六张人体姿势图是从上面三种不同重心的人体受力分析图发展出来的。每个姿势都不同，这里选取的只是一部分比较有代表性的。做这一系列图是因为蹲便辅助支撑器具是一件从未有过的产品，它的造型设计需要基于对其使用方式的清楚认知。许多姿势细节是要设身处地地站在使用者的立场上考虑才能分析出来的。比如脚踝，通常人在排便过程中脚掌被迫与小腿形成锐角，而人体正常站立时脚掌与小腿大致成直角，因此，排便时脚踝压力增大。另外由于脚后跟刚好成为人体重心的最有利支撑点，长时间吃力便会造成脑供血不足。其他像腿部的动脉血管与上臂内侧的动脉血管由于受到不同程度的压迫，时间久了亦会引发麻木感。这些因素均给起身带来不便，甚至人会出现头晕、休克等症状。在这些图中姿势 5 是左右不对称的姿势，根据这个姿势可能会设计出左右不对称的产品造型。其余的手臂摆放姿势也有所不同。有些呈现倚靠状态（如姿势 4），可以配一个支持面；有的可以配一个抓握物件（如姿势 6）。

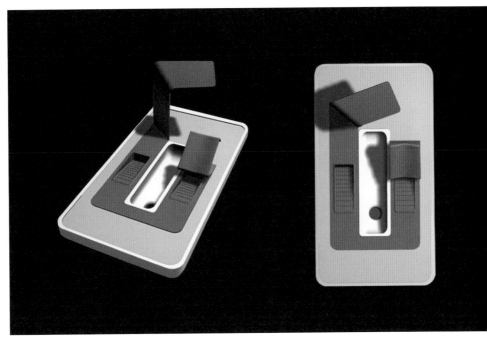

接下来的工作是根据上述姿势设计相对应的辅助器具。在这期间我做了许多方案，但并非所有的方案都适用。有的设计在图纸上看来是具有可行性的，但在实际的人机模型验证中，发现并不可行。

比如这款方案是根据姿势 5 所做的不对称设计。形成支持的部位分别为右膝与左臂。产生膝靠想法的原因在于不论个体身材高矮胖瘦，人体膝部以下的受力区域都基本相同，因此，可避免器具在尺寸上的取值问题。踏脚处通过凹陷形成脚底斜面，便于人体重心向前。

在制作了 1 ∶ 1 的人机模型后发现此方案并不适用。

方案人机模拟图

夹角方案的演变过程

最终，我选择了向后靠的基本姿势进行产品的深入设计。在一次对夹角的观察中，我发现它有几个显著的优点：首先，若将夹角进行倒角处理，则能够很好地匹配人体背部的曲线，形成依托；其次，夹角是能够符合各种人体尺寸的基本形态，我们只需要调节前后的站立位置便可以找到符合自己的依托角度。

在运用夹角进行多次设计后，我提出了最后的这款方案。也呈现如图中所示的使用方法，通过如机翼般向两边伸开的扶靠结构形成对身体后背及手臂的支撑。这是一个有着微妙变化的形体，初看它时会觉得有一些陌生，但如果仔细观察便能发现这个曲面对人体不同部位的支持功能了。它的表面有细微的纹理，可以帮助形成与身体的摩擦力。

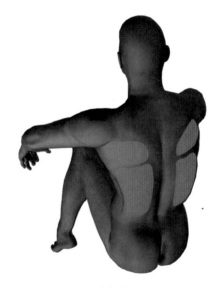

夹角对人体背部的支撑部位

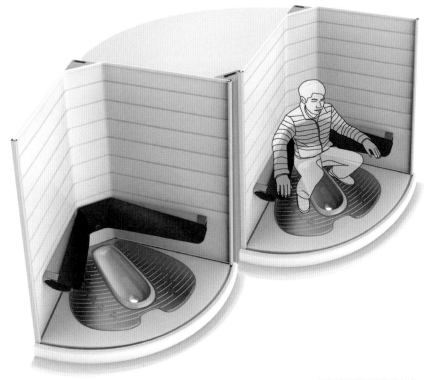

排便辅助器具的使用方式

　　该设计对整个便器的空间形态也有不一样的思考：当我们选择夹角时，人体后背有所依托，因此无意间缩小了身体后背的空间。若以向外散射的扇形作为空间形态，则能将人体视线前方的空间放到最大，这是较为合理的空间利用形式。另外，对于人的排便本能来讲，我们总不太习惯于将门开在自己的身后，所以后靠式的方案可以有效避免将倚靠结构放在自己的前方。

　　将四分之一的圆形空间作为单体具有空间组合上的优势，我们可以波浪形或四个一组的方式进行组合，并设置公用水箱，这是具有功能特征的美学形态。

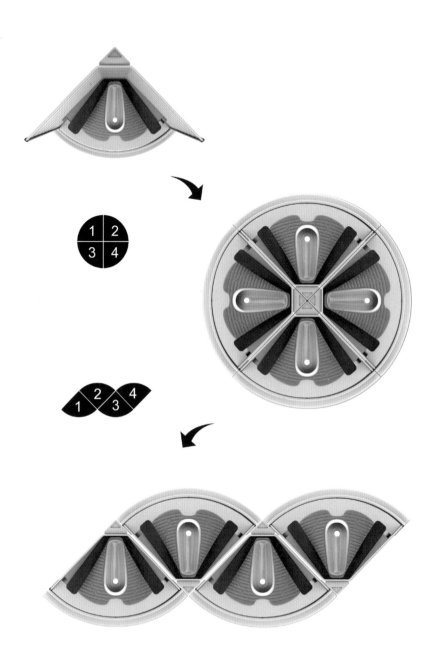

各种不同的空间组合方式

29 | 小动物雾化器
SMALL ANIMAL NEBULIZERS

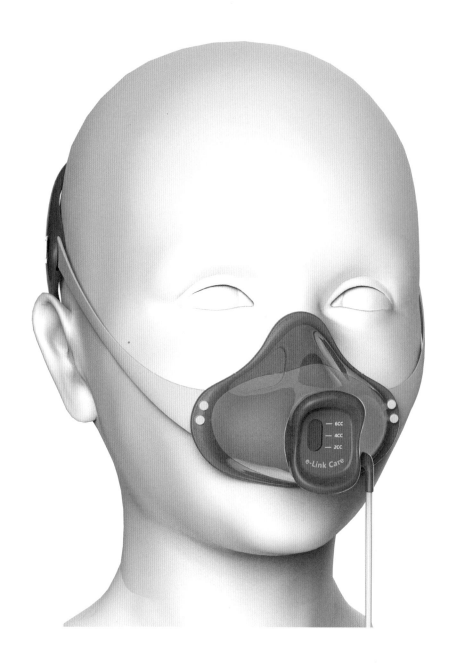

小动物雾化器 SMALL ANIMAL NEBULIZERS

主题

MEDICAL HYGIENE
医疗卫生

时间

2016
年

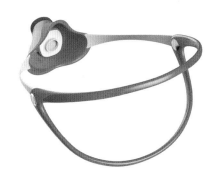

　　雾化器是一种用于治疗哮喘等呼吸道疾病的医疗用品，它主要的使用人群是儿童。一次一家医疗用品公司找到我，希望我给他们设计一款新型的雾化器。他们刚突破了一项技术，可将传统的雾化仓（将药液雾化的设备，与面罩相连，体积通常较大）缩小并与面罩相结合，这样可以大大减小整个机器的体积，方便携带。由于面罩上忽然多了个不大不小的凸起物，因此与原有形态颇具违和感。另一个使用上的问题在于每次加入药液都需要将雾化仓取下，而原先的产品是将雾化仓从外部往里推，即从雾化器的内部取出，这样的方法总让我产生"雾化口是否被污染"的疑问，也因此让我一直想改变这种插拔方式。

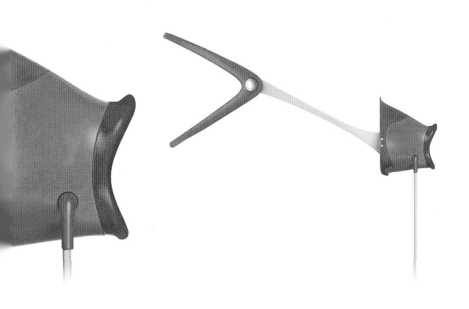

小动物雾化器 │ SMALL ANIMAL NEBULIZERS

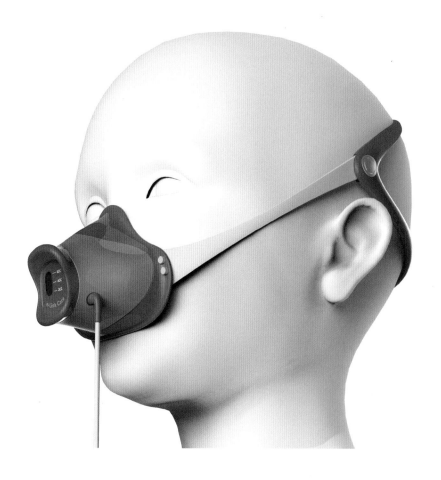

　　在实地调研了儿童医院的雾化室后，我惊奇地发现儿童对雾化的医疗过程原来是如此反感。或许因为医院的病人过多，抑或雾化器的造型过于成人化，许多孩子拒绝将它套在脸上，整个雾化室充斥着儿童的哭闹声。之后我在想，是否可以将小动物的形态加入雾化面罩的设计中，以此减弱雾化器给儿童带来的严肃形象。最后选定了小猪与小鱼两个动物形态，并分别给他们加上了翘起的小嘴，以设置雾化仓的位置。这样一来我们可以通过向外拔的方式将雾化仓轻松取出，既卫生也不失可爱呆萌的感受。这是将微设计原理应用于委托项目的一个例子。

30 | 为了节水的设计——莲
DESIGN FOR SAVING WATER – LOTUS

为了节水的设计

DESIGN FOR SAVING WATER

莲 LOTUS

主题	时间
WATER SAVING 节水	**2011** 年

  这个龙头与台盆的组合设计是基于用户使用心理所做的概念尝试。做这个设计的时间大约是 2011 年，当时结合英国设计委员会关于"Water Design Challenge"这一研究主题，展开了基于节水概念的设计创作。

  记得当时与一位设计师探讨了会让人们想到节水的各种概念，最后我们确定了这样一组形态的设计。至今我依然认为，设计没有终极的完美，只有为了人类美好生存愿望的努力及当下带给人们的意义，因此，在设计的过程中，我设想了一种可能：假设有一种非常浅的洗手台盆，当人们打开龙头的一刹那是否会警觉到水的溢出？带着这样一个想法，便设计了这样一个莲叶形的台盆。它真的非常浅，浅到几乎放不下什么水。它的中间部分微微下凹，连接着下水口，仅此而已。为了配合它极简的形态及

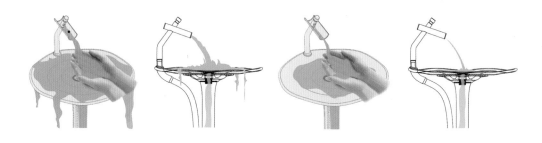

莲 | LOTUS

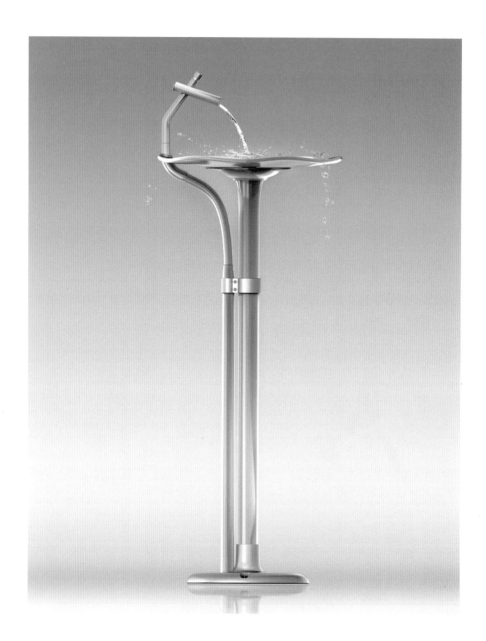

节俭的精神感受，我将龙头的导流槽设计成一半的竹管形态，其象征意义与莲叶台盆具有很好的匹配性。当我们使用它时，只要按下水管头部的开关，便可出水，随后水流将会自动停止。

我将这个设计取名——莲。

31 | 岩板家具
SLATE FURNITURE

岩板家具　SLATE FURNITURE

主题

SAVE RESOURCES / EASY TO USE
环保 / 易用

时间

2017
年

2017 年，我为西班牙岩板制造企业 NeoLITH 集团设计了一组家具。作为欧洲最大的岩板制造企业，它每年有大量的岩板被用作建筑贴面材料运往全球各地。岩板是一种经过 1300 摄氏度高温烧制的板材，它的材料特性与陶瓷相似。它的许多优秀性能使得它被仅仅用作建筑材料无疑是极为可惜的。欧洲的烹饪学校甚至用这种岩板制作烧烤台，并在上面教授烹饪食物的课程。有的餐厅直接把它当成餐盘使用，可见其环保性。当我第一次见到这种板材时，被它光滑而有温度的表面质感所吸引。确实，这样的材料仅只作为建筑用材稍显可惜，它的触感作为桌面材料也是适合的。

这个项目委托的一大主要原因在于它每年作为建筑耗材使用伴随着巨大的浪费，而多余的材料应该可以被制作成上等的家具或家居产品，企业有这样的品牌思考。在看了 NeoLITH 的材料样板并参观了他们的工厂后，我更加确信这家企业的产品品质，并坚定地相信它们可以被用作家具面材。

将不同色彩肌理的碎板拼成一个漂亮的整面板

NeoLITH 的板材有许多不同类型的纹理，有的是大理石纹，有的是仿木纹，有的是单色的材质，还有的是非常特殊的岩石纹理。这么多的材质应该可以符合不同的建筑需要，很难说哪一种被用得更多。于是我开始思考如何将这样视觉丰富且品类繁多的材质运用到新的产品中。

自然而然想到的第一个方案是将不同色彩肌理的碎板拼成一个漂亮的整面板。这样的家具在我头脑中形成的第一选项便是柜子。我选择了一种矮柜，加上了一种用于点缀的有机形的白色小把手，当我们看到它时，会产生想要去摸一摸的冲动。之后的工作便是将这么多的岩板材料随机选取，并排列组合出具有美感的面板。试想假如没有这么多丰富的材质可以选择，想要做出这样的面板应该也是比较困难的。而这些岩板确实提供了微妙且富有变化的表面质感，非常美。最终我们形成了几套较为成熟的方案。

做完这个方案时，我有一种非常舒畅的感觉。因为在我们的认知中，繁复的色彩与形态之美往往来源于不惜工本的精雕细作。而这个方案所形成的过程正好相反，在对回收材料的再利用中达到了美的效果，我对这一点非常满意。

当然，企业并没有要求我们只能用不超过多大的废板来做家具，因此，我们也设计了一些整板的家具。

我们的另一个方案是用一整块岩板制作了一张办公会客桌。这张桌子在形态上具有故事性，也是让我觉得有趣的方案。在许多场合下，这样的桌子常常给我一种美中不足的感觉，原因在于没有放包的合适位置。我发现许多人在洽谈公务时喜欢将自己的公文包挂在自己的椅子背后，因此，我在想是否可以在会客桌上设计一些放包的空间。

桌子的下方设计了两个相反方向的小柜，没有门，且中间是透空的。里面设置了隔断及用于挂包的竖向的小钩子。我们可以根据需要选择不同大小的空间放置自己的包或文件。

桌子下方设置有隔断及用于挂包的小钩

桌子面材所用到的色彩肌理富有沉稳的美感，与下面的柜子表达了功能性的美学。
一个名字瞬间出现在我的头脑中：提包的军官。

富有沉稳美感的面材与具有功能性美学的柜子

用岩板制作的系列家具

32 | 一种咖啡烘焙设备
A COFFEE BAKING EQUIPMENT

咖啡烘焙机　COFFEE BAKER

主题

EASY TO USE
易用

　　大约 2015 年，一位做咖啡设备的家族企业朋友找到我，希望我为他们设计一种用于烘焙咖啡的小型机器。烘焙咖啡豆与制作咖啡饮料是两个完全不一样的加工过程，所涉及的原理及设备结构都是不同的。烘焙过程是在机器内部的滚筒中将咖啡豆加热，慢慢翻滚以达到最佳的色泽及食用口感。而普通的咖啡机则是将烘焙完成的咖啡豆磨碎，并以高温热水过滤形成饮品。

当我初次看到他们的产品时，还未意识到这个机器将会是我遇到过的最为复杂的研发项目。最终，微客花费了整整 8 个月的时间研究改良这款机器，并实现了它外观与功能的双重提升。这个项目使我了解到若将微设计原理真正应用于产品设计，其简单实用的外表下将可能隐藏大量不可见的工作。

对机器仔细观察后，我逐渐发现它的原有结构与人的操作之间存在问题。烘焙机有一个用于储藏咖啡豆皮屑的装置，一般设置在主机的左后方，也就是说，当我们要伸手取下这个部件倾倒皮屑时，将需要绕过高温的主机与繁复的尾部线路。这在使用时是极为不便的，因此，我们设想将这个皮屑收纳器更换到主机的尾部，这样便可以完成安全快捷的操作。

在得知企业没有足够的内部结构研发人员时，微客所面临的挑战便是帮助其完成内部管线的结构排布，以便顺利实现产品的外观形态。这其中涉及大量的问题，比如将皮屑收集器的位置进行调整将会改变内部管道的走向。而这还不是仅有的问题，当我们改变了机器前端的造型时，发现用于取出咖啡豆的插入式小勺与内部滚筒存在位置上的匹配误差。经过反复调整，我们对滚筒位置与小勺插入的方向等设计进行了改

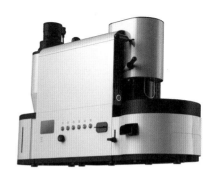

白色款咖啡烘焙机

红色款咖啡烘焙机

良，解决了结构问题。此外，从前用于观测咖啡豆颜色的视窗距离内部滚筒太远，以至于需要加大视窗面积或是在内部增加灯光才可清楚观测到内部的烘焙情况。由于机器在工作时内部高温，因此，最终我们选择了将视窗加大的方案。

还有许多其他复杂的问题不断出现。在经过大量的修改工作后，新形态的咖啡烘焙机终于上市。

正视图

侧视图

33 | 触觉体验的两个设计
——触感脚盆与加湿器

TWO DESIGNS OF TACTILE EXPERIENCE
– HAPTIC TUB AND HUMIDIFIER

触觉体验的两个设计
——触感脚盆与加湿器

TWO DESIGNS OF TACTILE EXPERIENCE
– HAPTIC TUB AND HUMIDIFIER

　　我们人类与生俱来的五种感官（视觉、听觉、嗅觉、味觉、触觉）连接在一起，记录了世界被感知的全貌。婴儿从大约出生后 3 个月开始，产生阶段性成长的显著特征，他们逐渐利用味觉来了解这个世界。他们喜欢将各种物品塞进自己的嘴里，用舌头判断它的特征，就像动物擅于运用鼻子判断东西是否具有可食性一样。这个阶段是他们认识世界的初始阶段，视觉的经验并不足以告知他们物体具有的全面信息，于是他们选择了另一种感官。

　　人类的身体具有超强的感知力。人类的深层意识，总是无法抵挡来自于外部的感官诱惑，这种诱惑更多地来自于身体的接触而非视觉。视觉图像作为通往身体感觉的信息输出，最先将这样的兴奋传达给大脑，并使身体产生联想知觉。从本质上讲，物的使用性给人的感官知觉是超越视觉的。在人类漫长的进化过程中，身体器官的感觉精度不断提升，我们能够体会的思维意识来源于身体强大的触觉。我们有理由相信，在人类未来的释压方式中，通过触觉达到的效果是极其可观的。

　　我曾想象过这样一种食物：在我们的口中利用舌头的敏锐触觉所感受的一些三维形体，通过舌头的触摸达到对它的再认识。而若我们只利用双眼对其进行观察，会发现它的表面并无特殊。食物设计应该就是对味蕾的重新认识吧，这种屏蔽视觉的的特殊模式为我们带来新的灵感。

　　在这一节里，我将为大家介绍两个与触觉有关的案例。

触感脚盆　HAPTIC TUB

主题	时间
HEALTH 健康	**2014** 年

第一个是触感脚盆。

我一直想把一种微妙的五感意识融入产品中。这样做的目的并不是为了增强它的视觉，而是这其实真的很有趣。人们会在摸一摸、闻一闻后了解自己并不熟悉的东西。人类发现世界的方式可否重回婴儿时期富有好奇心的认知阶段？人类的天性中带有某种对熟知事物的厌恶本能，并不自觉地被新奇的事物吸引。在体会不同的感受下进化我们的感觉细胞，走向未来。

盆体底部为不规则形态

　　触感脚盆的设计原理便是这样而来的。盆体底部的不规则形态为我们带来将双脚伸进去后的触感惊喜，对三维形态的判断与身体的真实感受之间原本就存在着差距。人的脚底布满了穴位，与不规则物体的摩擦挤压可以使全身的细胞放松。盆底是可以替换的，在为它设计具体形态的同时也考虑了使用不同材料的可能。我们可以模拟在坚硬的石子上摩擦的脚感，或是水草轻轻划过指缝的感觉。相信未来在形态的设计上应会加入更多对材料综合运用的感知思考，而物的形态也将变得更加捉摸不透。

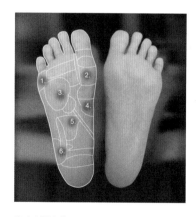

脚底布满穴位

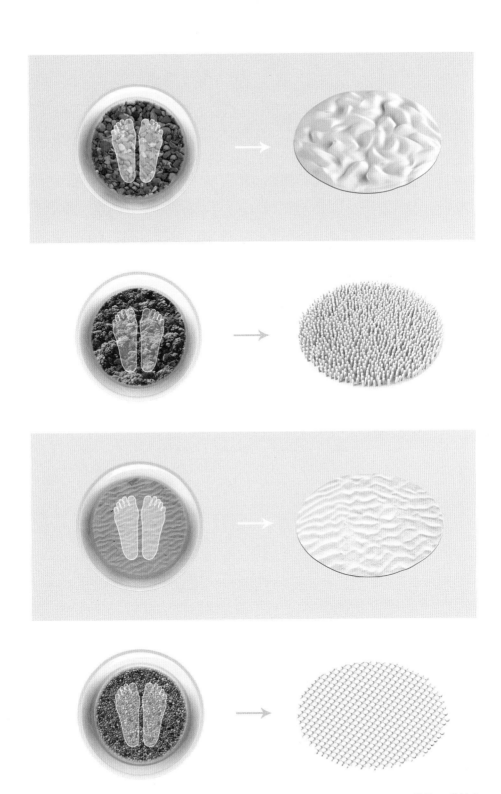

不同的材料可模拟不同的触感

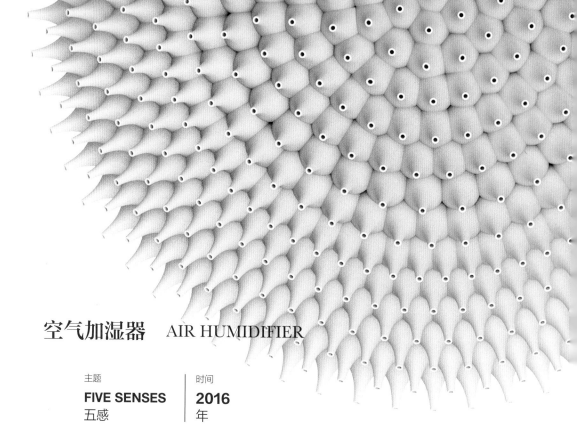

空气加湿器　AIR HUMIDIFIER

主题	时间
FIVE SENSES 五感	**2016** 年

第二个设计是一个空气加湿器。

这件设计原本是为一个委托项目所做的概念。甲方是一位知名电台主持人，在我们设计方案的过程中，突然得到他在一次交通事故中不幸身亡的噩耗，项目只能被迫中止。之后我们依旧希望将它完成，便继续研究，直至最终得到目前的形态。

最初甲方的设计要求是做一款空气净化器。内部的结构最先也是按照空气净化器的原理进行的设计。在项目终结之后，我们希望原有方案具有更强的体验感受，因此把它变成了一款加湿器。方案最初的思路来源于一种名叫海葵的生物。海葵是一种生长在水中的无脊椎动物，属于珊瑚的一种，因其形态酷似盛放的葵花而得名。

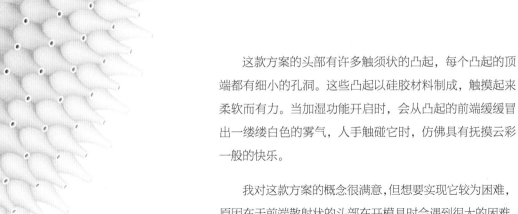

这款方案的头部有许多触须状的凸起，每个凸起的顶端都有细小的孔洞。这些凸起以硅胶材料制成，触摸起来柔软而有力。当加湿功能开启时，会从凸起的前端缓缓冒出一缕缕白色的雾气，人手触碰它时，仿佛具有抚摸云彩一般的快乐。

我对这款方案的概念很满意，但想要实现它较为困难，原因在于前端散射状的头部在开模具时会遇到很大的困难。最终我们得到了日本 INAC 公司的帮助，才使得该设计有了进一步推进的可能。

FRONT   BACK   INNER STRUCTURE

#1 SMALL   #2 MIDDLE   #3 LARGE

空气加湿器 ｜ AIR HUMIDIFIER

34 | 色彩之微
MICRO DESIGN OF COLOR

色彩之微

MICRO DESIGN OF COLOR

　　人类对色彩的系统研究早已开始。人们认为最早的研究可追溯到公元前 500 年左右的哲学家亚里士多德。1666 年，英国科学家牛顿发现了七色光谱。人们开始以科学的理论分析色彩的性质与组成，并提出色彩是不同波长的光的观点。另一方面，德国诗人歌德从人的情感角度提出了不同的研究思路，并大胆否定了牛顿的科学色彩论，成为现代色彩心理学的奠基人。从这以后，人们逐渐开始研究色彩与人的情感对应关系，并不断产生各种与心理学相关联的色彩运用。比如通过研究发现，冷色的空间容易让人轻松，感觉度过的时间比实际时间要长；而暖色则相反。白色在世界各地都给人以"纯洁""高贵""高雅"的感觉，并常被用作婚纱、礼服的颜色。此外，食物的颜色对人的食欲也会产生影响。比如，红色与橙色能够让人胃口大开，而紫色与黄绿色具有抑制食欲的作用。再比如，蓝色是一种退远色。据研究显示，蓝色的汽车发生事故的概率较高，原因在于人们总误认为蓝色的车还很遥远，而实际却已很接近了。

　　当然，利用生理学原理进行的色彩设计也有许多。比如视觉补色是一种常见的视觉特征。我们盯着一种颜色看，突然将视线移开时会看到对比颜色的残像。在医院的手术室，医生经常会看到大量的鲜血。为了缓解医生的眼部疲劳，我们经常将手术服或地板设计成绿色。

有时，我们也会利用色彩进行科学的检测或管理。比如，我们时常关心自己的排泄物是否呈现健康的颜色，于是大多数人会在家里选择使用白色的洁具。这时考虑的并非产品的美观，而是从更深的角度利用色彩考量人的健康程度。色彩所涉及的最基本特性之一是人眼的快速识别性。换句话说，不同的色彩可以给人快速的信息提示作用。通过造型，我们可以被迅速引导至合适的操作方式，通过色彩也同样可以。

　　色彩给人的感受很难用语言描述。在产品后期处理的CMF（Color，Material，Finishing）中首先提及的便是色彩，可见色彩的重要性。我们相信人类大脑基于内在细微逻辑建构的色彩认知，应遵循一定的心理规律。

　　研究色彩与人的心理一直是我感兴趣的领域。

　　成年人对色彩的感知受到知识结构差异的影响，许多人甚至对色彩并不敏感。但儿童则不然，他们在对物体的形状有理解之前，会先识别它的颜色。曾经有一个经典的实验，给孩子们一个红色的球，之后让他们去选择相似的物品。结果大多数孩子选择了红色的体块，而没有选择绿色的球。随着年龄的增大，他们会逐渐开始重视物体的形态，因此，对于幼小的孩子来说，让他们体验鲜艳的色彩尤其重要。父母也应多让他们看鲜艳的颜色，穿鲜艳的衣服。另一个德国学者的研究报告称，如果把小学的墙壁涂成橙色，则会激发孩子们友好地相处。

彩虹钥匙　RAINBOW KEY

主题	时间
EASY TO USE 易用	**2011** 年

　　多年前我的第一个微设计案例是一种锁与钥匙相对应的色彩设计。我发现色彩的一项重要功能便是帮助区分肉眼难以识别或带有近似元素的物品。在昏暗的环境下，我们往往很难在一串钥匙中快速辨识出与锁相对应的那一把，于是我设计了这种像彩虹一样带色彩的钥匙，配以同样色彩的锁具，这样人们便可以一下子挑选出来正确的钥匙。

　　这个设计与上文提到的变色仪表盘和变色轮胎相比，虽然只是在现有产品上加上了一些色彩设计，但是并不是冲着视觉美感而去，而是同样在思考如何为用户提供真正需要的使用功能。

钥匙与锁形成色彩匹配

彩虹钥匙 ｜ RAINBOW KEY

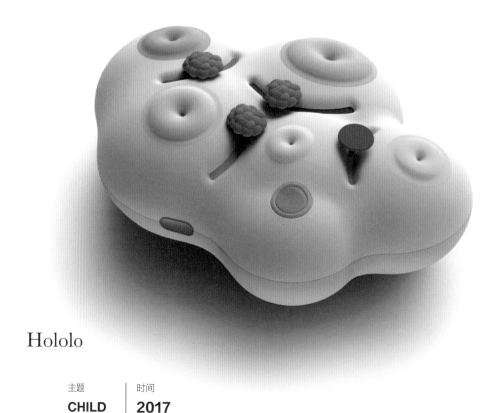

Hololo

主题	时间
CHILD	**2017**
儿童	年

  这是我为一家动漫公司所做的音乐玩具设计。玩具的对象是 3~10 岁的小朋友。起初我对这个案子的感受是希望设计一款与现有玩具截然不同的产品，而色彩是我极其关注的要素。我想将它的形体与色彩做出一种完全感性的混搭，让人脱离对它已有的经验想象，产生"这是什么？"的惊奇！这种疑问会将人们带入自然而然的欣赏中，而非功能性的解读。这种对未来产品的故事性描述在我的头脑中已存在很久，因为在

我看来，成人只是长大了的儿童，在他们的内心潜藏着如地底熔岩一般的童年情结，因此，这种故事性的描述不光吸引儿童，也同样会催生出成年人喜爱的欲望。为了达到上述效果，我将它的形态设计为富有曲线的有机形体，并配上明度及纯度较高的色彩，这样做将会很好地吸引儿童的关注。我在它的表面设计了五个凸起的小包，以软性硅胶材质制作，施以不同的表面颜色。对其按压时会发出各种乐器的声音，配合主旋律。中间拨动的小花是音量、节奏及音高的控制钮，还有录音控制键及开关等。据说企业后来将这款方案的图纸拿到幼儿园作评测，获得的赞誉很高！我给这件玩具取了一个名字，叫做 Hololo，有人问我为何是这样一个名字？我觉得它就像一种发音的动物，别无理由。

Hololo

棱角餐盘　ANGULAR PLATE

主题　｜　时间
CHILD　｜　**2016**
儿童　｜　年

　　这个方案的形体设计非常独特。对于儿童的设计，我一直认为其思路有别于成人，原因在于儿童的世界较为感性，他们似乎对没有视觉刺激的纯功能形态毫无兴趣。于是能够吸引他们的使用便是另一种功能。儿童餐具的设计许多时候并未真正考虑到儿童进餐的现实情况，这便容易进入成人化思维的误区。仔细想来，许多儿童在进餐时并不安分，这中间的原因不尽相同，似乎在孩子的世界中用餐仅只是例行公事般的无趣行为。让我们设想一种场景：假如我们带孩子来到一家法式餐厅庆祝生日，精致多彩的餐盘加上美美的食物，是否会让孩子们增加进食的乐趣与场景化的仪式感？

　　这组餐盘在配色时考虑到儿童心理的要素，将盘子的色彩定义在高调明快的色系中。同时考虑的另一个问题是组合的整体色彩感受，这在从前以单一产品为评价标准的系统中并不常被提及，而现今的产品感受已不再局限于对单个物品的评价，更多的是购买者看到商品之后的综合体验与购买欲望的指标性参数评价。决定这一切的还包含诸如包装设计、空间展陈、媒体描述等一系列相关设计工作的品质，而系统色彩作为贯穿所有环节的要素是不可或缺的。

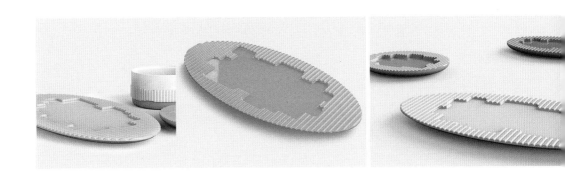

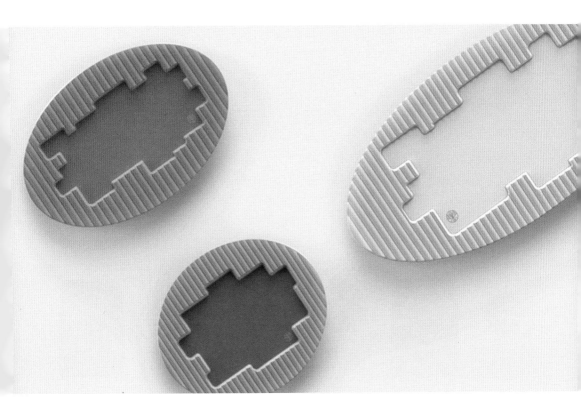

棱角餐盘 ｜ ANGULAR PLATE

海尔白电色彩策略

THE COLOR STRATEGY OF HAIER WHITE ELECTRIC APPLIANCE

主题	时间
COLOR	**2018**
色彩	年

这个案例是为中国海尔集团所做的洗衣机色彩应用策略。在这个案例中我们并没有急于研究未来洗衣机的最佳配色方案，准确地说，应该是直到最终也没有给出唯一性的产品色彩方案。而我觉得这是一套有趣的提案。

对于色彩的选择，每个人都有各自的喜好，而仅凭设计师个人的色彩感受就简单定义产品的颜色是有失偏颇的。对于色彩这样一种感性与暧昧的元素，我们唯一可以确定的反倒是它给予每个人的不确定感知。而任何一种不确定的事物中必然存在复杂的因素，这就与理论医学应用于临床的偏差是一样的道理，任何一种色彩都不可能在"真空"状态下被人挑选。

德国品牌博朗的家电配色

正是由于我们对色彩的感受受到周边要素的影响，因此，一款产品的色彩设计可以被放到更大的范畴内讨论。首先，它当然要取决于购买主流人群的年龄、文化水平及心理特点，这一点绝大多数人都能够想到；更进一步讲，它还会取决于系列产品给人的整体感受。许多时候，我们被一组琳琅满目的产品所打动，实质上打动我们的并非其中的某一件产品。换句话说，此时的产品配色基本相当于一个部分而已，若我们忽略了其他配套或邻近的系列产品的色彩设计，则会降低人们的喜爱程度，因此，从这个意义上讲，当我们要设计一件产品的色彩时，应该思考的至少包含其整体系列的全部色彩，做到既有单一又有整体。还有一点也是不能忘记的：假设我们总共有六款不同的配色产品，你觉得它们的摆放位置是否重要？答案当然是肯定的！训练有素的服装店营业人员通常会帮助顾客将商品摆放原位，原因是商品放置的位置是经过设计的，而色彩一定是重要的考量因素。如何使顾客在看到商品的第一时间便产生购买的欲望，这才是具有深度思考的一个问题，因此，一款白色家电的色彩设计将取决于客户的心理需要、系列的整体感观，以及陈列的现场感受等。

劳尔色彩的未来探讨

EXPLORE THE FUTURE OF RAL COLOR

主题	时间
COLOR	**2018**
色彩	年

这是我负责的中国美术学院与德国劳尔（RAL）色彩的联合研究项目。

劳尔色彩成立于 1927 年，是具有超过 90 年历史的色彩研究及应用品牌。这个项目是中国美术学院与劳尔色彩基于人类情绪感知与新技术所展开的色彩未来应用研究。色彩作为设计的基本元素，其生成的可能性早已超越我们的想象。人们对色彩的感受并非只基于强烈的感官刺激，微妙的知觉、色彩环境的统一性逐渐显现其功能性的特征。

色彩并非一种孤立的存在，其色相表达效果并不具有绝对性。举个简单的例子，蓝色的产品放在蓝绿色的背景下与放在黄色的背景下，其效果是不同的。更为准确地说，色彩不该被归为物体的一种属性，而更应被看作人类感知过程的一种属性。我们能快速判断出一个苹果的颜色吗？答案既是肯定的也是否定的。因为我们确实能够马上看到一个物体的颜色，但假如投射在它上面的光线有所改变，这时对物体的色彩判断只是留存在我们头脑中的固有意识，而非当下的真实色彩，因此，苹果的色彩难道不是特有光线下所具有的一种传达给人们的感觉吗？

在日常生活中我们常常遇到这样的情况：当我们进入琳琅满目的家居卖场时，总是对许多产品爱不释手，而真正将它们买下并运回家中时会发现，它们并没有想象中那么好。这是什么原因呢？当我们在购物时，我们身处的家居环境是商家在整体配色及款式搭配上精心考虑过的，而我们实际的住家环境并没有卖场中的效果。

针对这个问题，下面的方案给出了解决的办法。

该组方案假设了一个虚拟的家居品牌，并为其制作了一个应用型 App。通过将用户现实家居环境照片与售卖商品的结合搭配，帮助用户更为准确地判断商品的颜色与材质。具体的操作流程为：用户登录界面后选择喜爱的家居产品，并上传一张想要放置该产品的室内环境，通过调整产品的大小及透视使它与环境很好地结合；之后通过更换产品的色彩及材质达到产品与环境的最佳匹配效果，并下单购买。这里还设置了不止一种光线的效果作为选择，我们可以模拟白天或黑夜及不同的光线色温来确定家居的色彩合适性。

在这个项目中，我们尝试了多种看待色彩的方式与角度。从通常意义上讲，色彩所传递的情绪只有是否符合信息传达的准确意义这样一种客观的评价，而没有绝对的好看与难看之分。假如为关于人格倾向的讲座设计一张主题海报，则很有可能利用一种不那么美观却又带有某种矛盾心理的色彩搭配效果，其评价的标准在于色彩应用是否直击与其对应的人格倾向表述。

色彩是无限的，我们可以将色彩的范围无限缩小，最终形成肉眼难以识别的渐变。而它们之间的排列组合关系自然无法罗列与简单概括，因此，假如将色彩的范畴比作宇宙，那么寻找色彩的间隙就像寻找宇宙间未被发现的星球。

虚拟家居环境下的家具售卖 App

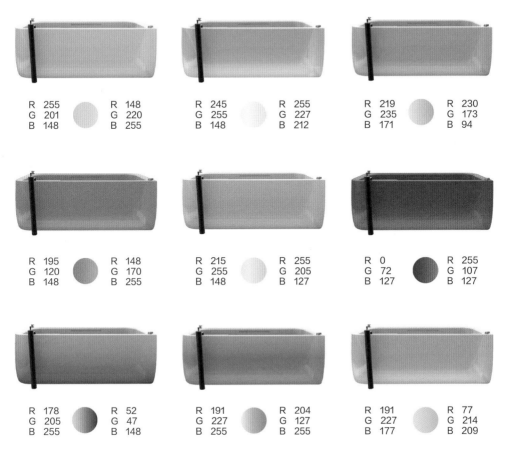

R 255	R 148	R 245	R 255	R 219	R 230
G 201	G 220	G 255	G 227	G 235	G 173
B 148	B 255	B 148	B 212	B 171	B 94

R 195	R 148	R 215	R 255	R 0	R 255
G 120	G 170	G 255	G 205	G 72	G 107
B 148	B 255	B 148	B 127	B 127	B 127

R 178	R 52	R 191	R 204	R 191	R 77
G 205	G 47	G 227	G 127	G 227	G 214
B 255	B 148	B 255	B 255	B 177	B 209

LED 可变光会使浴缸的固有色产生美妙的渐变色彩

　　这个概念尝试了一种对色彩间微妙的渐变与边界的讨论，并与光线结合，生成了一系列应用的可能。比如我们将可变色的 LED 光线加在半透明材料的浴缸内，透过浴缸自身的色彩与可变色的 LED 形成多种融合的光感效果。LED 的变色方式可通过按钮调节，人们可以在沐浴时创造与心灵更为契合的光照环境以释放压力，也可以将这样的产品应用于儿童的沐浴场景，帮助他们产生洗澡的兴趣。

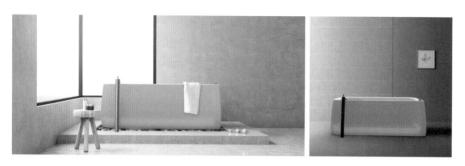

不同的光感效果 1

不同的光感效果 2

微设计——造物认知论
MICRO DESIGN – COGNITIVE THEORY OF CREATION

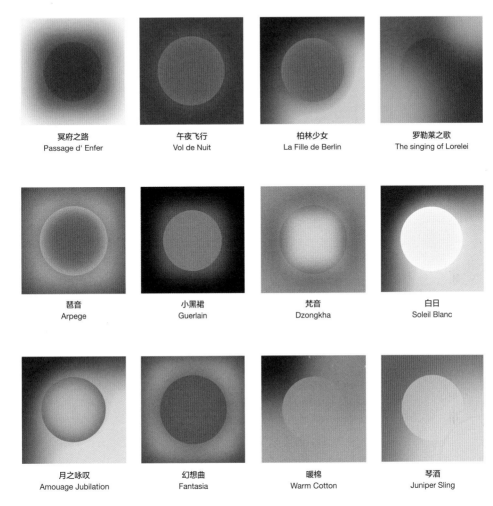

冥府之路 Passage d' Enfer	午夜飞行 Vol de Nuit	柏林少女 La Fille de Berlin	罗勒莱之歌 The singing of Lorelei
琶音 Arpege	小黑裙 Guerlain	梵音 Dzongkha	白日 Soleil Blanc
月之咏叹 Amouage Jubilation	幻想曲 Fantasia	暖棉 Warm Cotton	琴酒 Juniper Sling

对渐变的色彩进行自定义设置，形成富有光感的微妙变化

另一个应用是将色彩去边界化，并以一定的骨骼关系对渐变的色彩进行用户的自定义设置，以形成富有光感的微妙变化。用户可以通过色彩 App 进行个性化定制，之后可将它们印制成属于自己的灯具遮罩。这个方案暗示了色彩作为个性化符号的时代已然到来。

35 | 自然生长与蜂巢桌
NATURAL GROWTH & HONEYCOMB TABLE

自然生长与蜂巢桌

NATURAL GROWTH & HONEYCOMB TABLE

　　我一直在思考一个人类发展与自然生长的悖论，我们总是急于将还未出现的结果快速呈现出来，许多事物都表现出这样的特征。我很少看到人们在住进新家时房屋内是空旷而等待填补的，却总是发现人们在搬家时扔掉了许多陪伴多年的旧物。我觉得家的属性更像一株植物，它的动人之处并非映入眼帘那瞬间的惊艳，而在于它与主人长久相伴所留下的自然生长的印记。动物在自然界搭建的窝都各不相同，有的用爪子在地面刨出一个洞，有的用树枝或羽毛、唾液黏成一个窝。每一个窝都具有最适宜繁殖与居住的属性，其自然状态诉说了功能性的形态特征。人类所具有的社会属性决定了所呈现物的外部形象均带有某种修饰性的语言，而人类似乎也习惯了以外部形态美学评价物的属性的优劣。假设以人们最原初的自由感知审视物与环境，那么我们也必定有着另一套更为直觉且更加生活化的本能意识。

　　记得不久前与一位学生讨论到古典油画中的一种光线美学，它以统一的色调为绘画提供了强有力的表现特征，之后发现了它们的一大共同特点——以蜡烛作为照明手段所呈现的光环境效果。这种美的感受是借由蜡烛微弱且不稳定的光线所达到的，在当代由于灯具的广泛应用而缺失，在现代的艺术创作中也有艺术家将这种朦胧模糊的美意识作为表现手法，创作出了类似古典油画的光感作品。日本摄影家横沟静（Shizuka Yokomizo）曾拍摄过一组人物作品，表现昏暗的室内睡眠环境。透过朦胧的画面，我们能感受到另一端富有生活气息的美学场景，与古典油画有着相同的气息。

日本摄影家横沟静的人物摄影

伦勃朗的古典油画

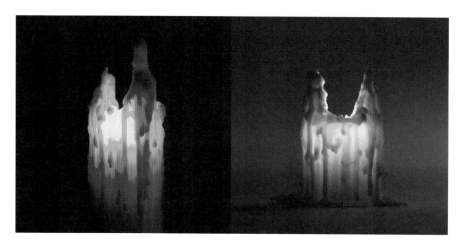

火苗包裹在蜡烛的自然形体之中

　　另一个关于蜡烛的有趣体验在于其自然流淌生成的有机形态。由于蜡烛自身伴有固态与液态两种形态的切换，因而其形状是逐渐发生变化的，也充满了未知的想象空间。于是我们可以设想一下，对蜡烛自然生成的形态进行一定的设计，形成各种不规则的美的姿态，应该是一件很有趣的事吧！

　　带着这样的想法，我们对一组原本平淡无奇的蜡烛进行了各种烧灼试验，生成了一系列充满温度的自然形体。蜡烛的火苗被包裹在形体之中，使整个蜡烛通透而明亮。这件作品打破了我们对产品形态的最初理解，物品在使用过程中呈现不断变化的姿态。

　　将蜡烛进行烧灼与滴漏，形成凝结。每一个形体都是自然形成的单品，无法复制。这种非工业化翻制的产品表达了某种温暖的人性，也传达了对物品原有属性及样貌的尊重态度。

蜡烛经燃烧后产生自然流淌的形态效果

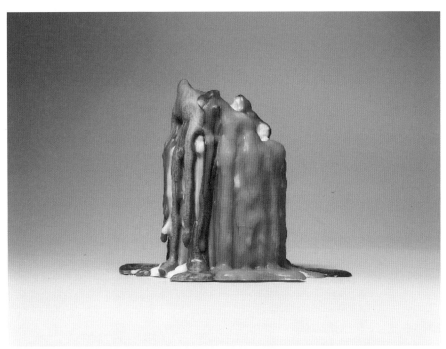

　　另一组是将不同色彩的蜡烛熔化后浇在白色蜡烛上，再将其点亮后呈现的多彩光照效果。

茶饮店内的蜂巢桌

　　另一个自然生长的案例是一张形态酷似蜂巢的桌子，这是微客为一家新的茶饮品牌所做的店内长桌。这张桌子的形态由许多圆管单体组合而成，上面附有不规则嵌入的面板，可供顾客放置物品。在面板留下的空隙中，我们制作了可种植植物的容器，并加入了土壤与苔藓类植物。没过多久，这些顽皮的植物便慢慢生长与连接，形成了我们想象不到的样子，为喝茶的顾客提供了有趣的体验。这张桌子的形态给人强烈的印象，却没有固定不变的轮廓，我们可以依据空间的大小及形状任意排布圆管，以使其适应空间的使用需要。蜂窝的基本结构具有很好的承重性，能够承载桌面的物品及桌体自身的重量，不易弯曲。桌面不规则的形状有利于分体制作并组装，避免了运输整块桌面的情况。

　　蜂巢桌与冥想坐具匹配，成为新的茶饮店室内家具。

蜂巢桌由许多圆管单体组合而成，圆管可任意排布

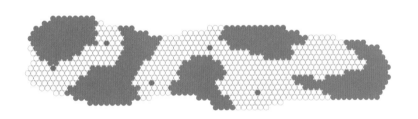

Top view

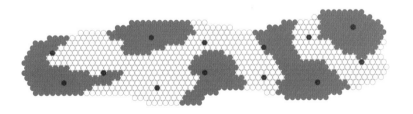

Bottom view

蜂巢桌的顶视图与底视图

36 | 材质之美与白噪音
MATERIAL BEAUTY AND WHITE NOISE

材质之美与白噪音①

MATERIAL BEAUTY AND WHITE NOISE

自然物都具有表面肌理，完全没有肌理的自然物是不存在的。几何形体与脱离材质之美的虚拟物体只是人类依据想象创造的产物，但终究无法给人以温暖的感受。

人类忧伤的情绪存在于对物的依恋之中，这种物并不是虚拟的物，而是可被触摸与感知的真实之物。在与物朝夕相处的岁月中，身体的内外都产生了熟悉的感受，这种感受无法诉说。原来人的这种情感依赖并非只存在于人与人之间，对于毫无生命的物体也是如此。

从遥远古代遗留下来的陶器，其姿态与表面纹理为人们带来了独特感受，这种感受是稀有的。我们很难准确形容这种对陌生古物的依恋之情源于什么，但许多人确实被这样富有表情的旧物深深打动。倘若你将一件古代陶器以玻璃或塑料的材料复制一个，便会发现两者的区别。附着在物品表面的色彩与肌理点燃了我们的情绪！自计算机与现代工业文明兴起以来，人类对自然形态与纹理的渴求不断升级。也许我们的身体又一次帮助我们判断出人工物品与自然生成之间的差别，告诉我们不可复制的重要性。如果非要我在形态与肌理之间做出选择的话，我或许会选择肌理。

---

① 白噪音是指一段声音中的频率分量的功率在整个可听范围（0 ~ 20 KHZ）内都是均匀的。由于人耳对高频敏感，这种声音听上去是很吵的沙沙声。白噪声或白噪音，是一种功率频谱密度为常数的随机信号或随机过程。换句话说，此信号在各个频段上的功率是一样的，由于白光是由各种频率（颜色）的单色光混合而成的，因而此信号的这种具有平坦功率谱的性质被称作"白色的"，此信号也因此被称作白噪音。理想的白噪音具有无限带宽，因而其能量无限大，这在现实世界是不可能存在的。实际上，我们常常将有限带宽的平整信号视为白噪音，因为这让我们在数学分析上更加方便。

陶器——中国商代（约公元前 1600 年）至清代中期（约 18 世纪）

　　2017 年，我创建了一个新的品牌，叫作心冥想。它是以冥想及心灵释压为核心建构的产品与服务品牌。在制作心冥想的手机端 App 时，在我头脑中产生的一个问题是，如何让人在使用它时产生自然而然的熟悉与舒适感。作为一款 App，我认为进入的简单性是非常重要的。假如其中有非常实用且操作简便的功能，我想会比较理想。于是我选择了白噪音。

以冥想及心灵释压为核心的品牌"心冥想"

　　通常所说的白噪音并非真正意义上的白噪音，而是将有限带宽的平整信号视为白噪音。它们比较像下雨的声音，抑或像海浪拍打岩石或者是风吹过树叶的沙沙声。最终，我们首先选择了雨、雪、火、风、浪这几种声音。其实我并不认为常规的自然声音可以产生使心灵安静的作用，比如我喜欢划船时湖水涌动拍打的声音胜过喜欢海浪声，对火的大小及燃烧物的要求也极为苛刻。

　　在整个App的视觉表现上，我也并不认为传统的那些光亮的交互界面适合冥想这种独特的活动，因此一直在为它寻找适合的要素。最终，我觉得肌理最能贴合人内在的感知意识，于是制作了模糊但带有粗糙粒子的界面并配以慢速的动效。它代表了一种混沌的意识，在最初的概念中我们选择了六个主题，分别是光照森林、雪夜、壁炉的柴火、晨幕、屋檐雨滴与海浪。每个场景都配有一段白噪音，肌理与动效的缓缓配合似乎孕育着涌动的能量。这种看似简单的组合关系其实并没有想象中简单，因为运动速度与粒子粗糙程度的组合应答着观者的本能意识，这向我们清楚地传递了一种信息：人类感官需要的和已经存在的事物并非一致。有时，我们将丰富的形态及色彩要素去除，加上准确而单一的细节表现（如带有动效的肌理），反倒更能回应人们心中的感觉需求。

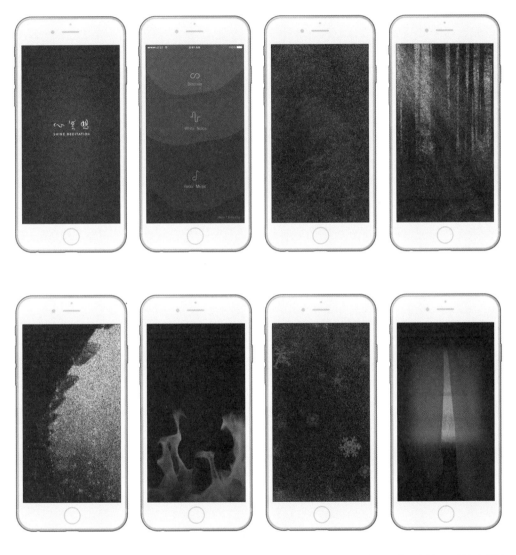

"心冥想"手机端 App 的概念界面

微设计总论

SUMMARY OF MICRO DESIGN

作为一种观察视角

| AS AN OBSERVATION ANGLE

　　微设计提出了一种区别于常规的观察视角。它的目标是厘清蕴藏在事物间复杂且微妙的联系，基于最佳的行为模式而实现准确的功能。对功能的定义已发生了巨大的变化，向极大世界与极小世界两端的延伸不断推进。人类对自身的不断解读促使设计所要思考的问题更加深入。以对事物细致入微的探究挖掘出产品不同于以往的价值点，是可持续地满足人类需求的有效手段。微设计本身也是设计的一种思考方法。它提供了设计工作者践行的新方向，能够帮助人们有效解决隐含在产品中的深层问题。微设计讲求的并非全面综合的解决之道，而是找到问题的症结，以最少的消耗实现对问题的有效解决。它将使我们具有对生活更为敏锐细腻的洞察力与真正富有价值的创造力。

作为一种价值理念

| AS A KIND OF VALUE CONCEPT

微设计倡导的是物尽其用的价值理念。通过精细的观察与设计，使得各种物的利用趋于最大化。从本质上讲，人类应减少主动性的设计造物行为，而将设计交还于日常生活本身，使物在被人使用的过程中逐渐显现其独特的价值。中国古代"天人合一"的哲学思想强调了人、物、环境三者之间和谐统一的发展关系。人在对物精微细腻的操作中体会与物共生的乐趣，善待且不丢弃它，并不断改良物的存在方式，以使得它们被良好与长久地利用。由物构成的整体环境对人产生作用，物品形成整体环境的过程是不可逆的。在人与物之间形成一种良性的作用与反馈，并努力发掘出物品之中潜藏的价值，这应该成为设计界共同的伦理准则。

作为一种设计文化

| AS A KIND OF DESIGN CULTURE

微设计应被视为一种关于设计的文化。设计所包含的内容并非只是对物的改良，更应被看作理解生活的一种方式。设计的真正目的是以健康的价值观引导人们产生正确的行为，将合理消费、适度消耗视为一种社会美德。生活中尚有许多亟待解决的设计问题，也有许多需要帮助的人。物只是实现功能的操作媒介，不应被视为生活的必需品。相反，对物欲的克制倒能成为解决环境恶化等问题的良方。不论何时，对自然、对物始终保持谦恭的态度应成为设计从业者应有的姿态。也只有这样才能引导并培育良好健康的消费文化。希望以此微小力量酝酿巨大的改变。

另一种扩展

ANOTHER EXTENSION

间隙哲学

| GAP PHILOSOPHY

  间隙，远超出我们的一般想象。通常所被理解的间隙，在空间度量上是小于主体观察物的次要领域，而次要领域所具有的价值往往被人忽略。正如眼睛所传达的信息具有误导性，人类大脑以现有普遍经验所认知的间隙与实际的空间大小相去甚远。就每个个体的差异性而言，人类的数量定义了间隙的无限可能。就个体需求实现的合理性来看，未来的设计应着眼的位置并非主体物，而是经过细微排查与讨论的间隙区。这里是未被发掘的领地，随之带来的将会是前所未有的惊喜！这可能是定义个性化需求的最合理解释。

空间之内外

| INSIDE AND OUTSIDE THE SPACE

　　空间的内外有两种：代表物质的内外区隔及影响精神的领地界限。人类自群居以来所习惯的方式大多呈现为自有空间的不足。传统哲学只解决心、物两者的简单关联，所谓心外无物境界的获得好比脱离临床实践之医学。现代设计研究的内容是为其提供实现的手段，人类大脑未知区域的开发对独立空间的要求将会是需要探讨的领域。脑电波的干扰已从量子干扰的物理学研究得到新的论证，在现有人类生活空间中进一步分割出真正属于自己的思考空间是解决问题的全新方法。我们需要为心灵开辟真正的独立空间，即空间中的空间。

生命之弱

| WEAK LIFE

假设衣服只作避寒用，人或许是可以不穿衣服的。我们的皮肤具有敏锐感知外界的能力，却也包裹着弱不禁风的生命。在我们的躯体中，有若干裸露的部位是极具对抗寒冷的能力的，它们在长期的磨炼下已经适应了自然的温度。倘若人类从一出生便不穿衣服，那身体中的每一寸皮肤是否会具有相同的抗寒能力？古希腊战神阿喀琉斯之死的神话早已阐释了生命之弱的本质原因，人类在不断挖掘技术可能性的同时也正逐渐丧失原本强大的生物本能。或许物的生成存在两种意义：帮助我们更好地征服自然，阻止我们更好地适应自然。

九死一生

有一种名叫卷柏的蕨类植物,它的生长性是惊人的。它并不是善于蔓延与吞噬的物种,却表现出极其倔强与顽强的生命形态。不论在多么干旱的环境中,它都不会放弃生的希望,它会使自己全身的细胞休眠,如同枯死一样。一旦再次遇到湿润的水分,便又苏醒过来,展现茂盛的绿色。据说这种植物是不死的。在人类发展的历史长河中,人对食物与土地的争夺从未停歇。扩张与无尽的透支导致了无法根治的间歇性危机,这如同自然四季的更替一样,迫使我们生发出强大的生存本能。也许哪一天人类也学会了冬眠,在醒来后发现我们的环境又重回了绿色。

肉与红烧肉

| MEAT AND BOUILLI

　　肉铺与饭店的差别在于一个卖生肉，一个卖红烧肉。假如二者所卖的东西互换，则会给人自来水厂卖饮料的感觉，乏善可陈。对于许多亟须摆脱制造业困境的企业来讲，核心方法并非从售卖原材料的企业一夜变身成为售卖终端产品的品牌企业，在售卖原材料与售卖产品之间，还有一种销售"半成品"材料的路径。假设我们拿肉做比喻，应该还存在切洗干净、分类包装的肉类产品。它们介于原材料与餐桌美食之间，虽不可直接食用，却有着前后两端无法比拟的优势，因为它具有可被快速烹调与适应各种烹饪方式的强大功能。产品设计工作也应遵循同样的原理，因为红烧肉虽好吃，但不是每一个人都爱吃，而对肉的需求却是每个人都有的。

设计将死

| DESIGN IS DYING

事物在被逐步分解、层层解剖的过程中已渐渐走向死亡，这正像魔术师解释自己变魔术的过程，抑或有人告知你一部影视剧作只是虚构的幻象一样，曾经充满神秘色彩的美意识形态变为一种廉价的经验而存在。假设设计变成另一种形式的复制，那它的价值将荡然无存。人类鲜活的意识与交流的快感并不是因重复劳动而存在的，自古至今都未曾改变。用以激发心灵底层未被触动的感知意识，直面死的希望，是拯救设计的良方。

后 记

POSTSCRIPT

高凤麟

    设计就像一条没有起点与终点的线，无穷尽地自我完善与前进。我们所能做的，只是在方寸的范围内提出更为合理的可能性，而非其他。每一件物品的产生绝非偶然，也必定跟随时间经过了必要的打磨才成为我们今天认知的样子。我时常考虑：产品设计的终极目标将会是哪里？人类是否终将抛却一切多余的物品而达到拥有纯粹精神的境地？至少在物被不断优化的年代里，人们已经可以逐渐淡化对物的欲望而谈及真正的灵魂归属，这与现今的人们已很少谈论如何吃饱的问题是一样的。

    如果有人让我用一种色彩来比喻"设计"这件事，我想我会用灰色。从致白到致黑这样的极端色彩所具有的是超越客观的高度，并寻求被关注与凝视的认同感。而在这广大的中间区域，我们拥有太多的情绪，有的忧伤，有的深邃，有的朴实，有的刚毅……即便并不凸显，也应成为可被称为"美"的要素。

    我们的邻国日本从某些方面来看是一个值得尊敬的国家，他们在对待各种事物时经常表现出令人惊讶的忍耐力。日本人在表达观点时所抱持的态度是谨慎的，他们并不贸然作出判断性的回答，而是习惯以含蓄的方式表述自己并不确定的事物，这是非常有趣的。对于设计这件事来说，这样的态度显然是合适的，因为众多不确定的因素存在于未知的方案中，我们只是以现有的知识及有限的经验判断前行的路，在得知最终结果前稍加徘徊于若干已有线索之中不失为真正精准而有策略的方法。而倘若我们回顾以往多数的创新便会发现，原本以为了然于心的事物，其轮廓却逐渐变得模糊，或者从某种意义上说，我们对自身的认知也并不具有确凿的把握。

设计真实存在于我们生活的每个角落。一切不被认识的人、事、物都是设计延伸的对象所在。我常常想，和我们最亲近的人是我们最了解的人吗？答案极有可能是否定的，因为我们的视线永远关注着前方，而往往忽略眼前的人。假如有一个节目叫作"你是我的老师"，而使诸如爱人这样亲密的人以学生的身份完成对对方的学习与再认识，将可能发现对方原本并不被知晓的优点。也许这样的节目会有收视率吧！

我想说的是，在我们研究与理解设计的过程中，伴随着我们重新认识世界的过程，它比我们想象中有趣得多，它所包含的信息量是巨大的。设计的前行已不仅是造物的过程，更应被看作对人类社会前进方式的新探索。在这中间生成的所有物质或非物质形态，都可以被理解为设计的存在。假如有一种叫作"人类生存手册"的东西被赋予商品的定义，大概每个人都将勤奋地发掘自身对生命的体会，并将它变成对他人有益的商品了吧！

这本书的形成，并不代表起点或终点，其中的每个案例若能对设计工作者有微小的启发，我就很满足了。当然，完成本书的点滴过程是艰辛的，在这里，我想对以下帮助我的朋友表示由衷的感谢！

首先，我想感谢我的家人，特别是我的母亲。她对我一直以来的巨大支持是我能够完成本书的重要原因。其次是我的博士生阶段导师王雪青教授，感谢他对我的微设计理论及创作实践长达四年的悉心指导，同时感谢郑巨欣、吕学峰、吴海燕诸位教授在理论上给我提出宝贵意见。当然也要感谢我的硕士阶段导师陈晓蕙教授，在专业的领域里我们总是无话不谈，心有灵犀。

本书受华中科技大学出版社编辑王娜的盛情邀约才得以最终出版，记得在我接受书约之前她曾来到我的事务所面谈，她对我的设计毫无保留的一席赞许为我平添了出版本书的强大动力，在此向她表示真挚的谢意！另外我要感谢与我一同工作多年的设计师周步谊，他协助我完成了本书大量的图形制作工作。还要感谢担纲本书排版工作的设计师王祯，在书籍的版式设计上花费了大量时间，精益求精！

最后，谨向多年关心并支持我的朋友、同事们表示感谢！

作品一览
LIST OF WORKS

冥想座具 | MEDITATION SEAT

时间	2013 年
获奖	

Red Dot Design Award	红点设计奖
iF Design Award	iF 设计奖
Successful Design Award	成功设计奖
Design for Asian Award	亚洲最具影响力设计奖
China Good Design	中国好设计奖
A' Design Award	A' 设计奖

水滴杯 | DRIPPING CUP

时间	2014 年

碗 | BOWL

时间	2015 年

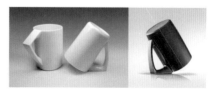

倾斜杯 | BEVEL CUP

时间	2011 年
获奖	

Red Dot Design Award	红点设计奖
Golden Pin Design Award	金点设计奖
Successful Design Award	成功设计奖

碗 | BOWL

时间	2015 年

三叶草筷子 | CLOVER CHOPSTICKS

时间	2016 年

月亮餐盘 | **MOON PLATE**

时间 | 2016 年

会说话的汽车 | **A TALKING CAR**

时间 | 2013 年

变色轮胎 | **DISCOLOR TYRE**

时间 | 2011 年

变色仪表盘 | **SPEED GUARD**

时间 | 2012 年
获奖 | Red Dot Design Award   红点设计奖
A' Design Award   A' 设计奖

双腔轮胎 | **TWO-PLY TYRE**

时间 | 2014 年
获奖 | A' Design Award   A' 设计奖

方糖盒 | **CUBE SUGER BOX**

时间 | 2015 年
获奖 | Red Dot Design Award   红点设计奖

牙膏　｜ TOOTHPASTE

时间	｜ 2016 年

倾斜杯包装　｜ BEVEL CUP PACKAGE

时间	｜ 2015 年	
获奖	iF Design Award	iF 奖
	Golden Pin Design Award	金点设计奖

警报器包装　｜ SMOKE DETECTOR PACKAGE

时间	｜ 2015 年

透明胶带　｜ SCOTCH TAPE

时间	｜ 2013 年	
获奖	Red Dot Design Award	红点设计奖

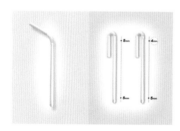

一根吸管　｜ A STRAW

时间	｜ 2013 年

墨水瓶　｜ INK BOTTLE

时间	｜ 2013 年

作品一览 | LIST OF WORKS

刻度剪刀 | **SCALE SCISSORS**

时间 | 2016 年

痕迹墙纸 | **TRACE WALLPAPER**

时间 | 2014 年

爱心药箱 | **CARING MEDICAL KIT**

时间 | 2014 年

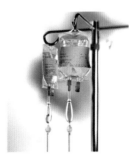

输液器 | **INFUSION TUBE**

时间 | 2013 年

船只缓冲器 | **SHIP BUFFER**

时间 | 2014 年

盲人菜单 | **BUMP MENU**

时间	2013 / 2017 年
获奖	Red Dot Design Award 红点设计奖
	Universal Design Award 通用设计奖

排便器具 | **SUPPORTER**

时间 | 2006 / 2014 年
获奖 | Universal Design Award 通用设计奖
Successful Design Award 成功设计奖

小动物雾化器 | **SMALL ANIMAL NEBULIZERS**

时间 | 2016 年

莲 | **LOTUS**

时间 | 2011 年

岩板家具 | **SLATE FURNITURE**

时间 | 2017 年

触感脚盆 | **HAPTIC TUB**

时间 | 2014 年

作品一览 | LIST OF WORKS

咖啡烘焙机 | **COFFEE BAKER**

时间 | 2016 年

空气加湿器 | **AIR HUMIDIFIER**

时间 | 2016 年

彩虹钥匙 | **RAINBOW KEY**

时间 | 2011 年

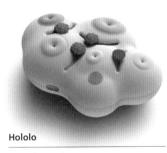

Hololo

时间 | 2017 年

棱角餐盘 | **ANGULAR PLATE**

时间 | 2016 年

海尔白电色彩策略 | THE COLOR STRATEGY OF HAIER WHITE ELECTRIC APPLIANCE

时间 | 2018 年

虚拟家居环境下的家具售卖App | APP FOR FURNITURE SALE IN VIRTUAL HOME ENVIRONMENT

时间 | 2018 年

光之浴缸 | LIGHT BATH

时间 | 2018 年

作品一览 | LIST OF WORKS

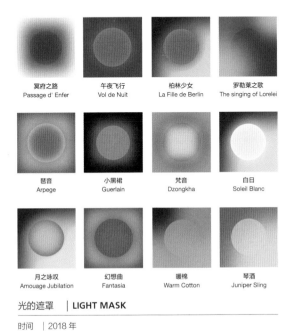

冥府之路
Passage d' Enfer

午夜飞行
Vol de Nuit

柏林少女
La Fille de Berlin

罗勒莱之歌
The singing of Lorelei

琶音
Arpege

小黑裙
Guerlain

梵音
Dzongkha

白日
Soleil Blanc

月之咏叹
Amouage Jubilation

幻想曲
Fantasia

暖棉
Warm Cotton

琴酒
Juniper Sling

光的遮罩 | **LIGHT MASK**

时间 | 2018 年

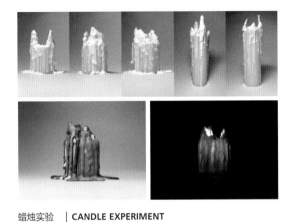

蜡烛实验 | **CANDLE EXPERIMENT**

时间 | 2018 年

蜂巢桌 | **HONEYCOMB TABLE**

时间 | 2018 年

心冥想 | **SHINE MEDITATION**

时间 | 2018 年

微设计——造物认知论

部分图片出处 | SOURCES

023 页 https://oceanservice.noaa.gov/facts/riversnotsalty.html

034 页 https://www.shutterstock.com/zh/video/clip-3586412-cracked-dry-land-desert

035 页 http://www.sohu.com/a/168785247_773938

040 页 http://arch.pconline.com.cn/desktops/market/hb/0903/1597107_1.html（左图）

　　　　https://us.clipdealer.com/video/media/2226944（中图）

　　　　https://goods.ruten.com.tw/item/show?21819007743675（右图）

050 页 http://www.werke.waedenswil.ch/dl.php/de/0e4y7-ww6qgw/Flyer_Wasser_Wwil.pdf

051 页 https://fift.jp/project/wipe-t/wipe-t/

059 页 http://www.atelierdarcheterie.com/Articoli_old/GliOcchidiMalena-2.html

060 页 http://jaywatsondesign.com（上图）

062 页 http://www.lucasmaassen.nl/projects/index.php?19（左图）

　　　　http://www.cnu.cc/works/134448（右图）

065 页 www.doctorulzilei.ro（上图）

　　　　https://fthmb.tqn.com（下图）

066 页 https://www.flickr.com/photos/methodshop/2483875119/in/photostream

073 页 https://www.mirror.co.uk/news/uk-news/britains-most-stupid-car-thief-6469497

079 页 *Axel Vervoordt: Wabi Inspirations*（上图）

113 页 tha.jp/2089

115 页 http://www.auto.gammc.com.tw/48082/51064

119 页 http://blog.sina.com.cn/s/blog_3c1bf9cc0100z3g7.html（图 A）

　　　　http://pie.appvv.com/news/21905.shtml（图 C）

　　　　http://www.stephenreed.net（图 D）

　　　　https://ifworlddesignguide.com/collections（图 E）

　　　　https://www.consoglobe.com/daylight-lampe-innovante-cg（图 F）

144 页 https://@comunicafmf/paga-mais-por-ser-jovem-c5a70ceeba26（photo by Divulgacao）

160 页 http://www.emater.mg.gov.br/portal.cgi?flagweb=novosite_pagina_interna&id=21826（左图）

263 页 http://www.shizukayokomizo.com（上图）

本书项目参与设计人员

陈熠	陈睿智
蒋笑宇	李悦
毛健	陈颂喆
刘沛桐	王圣
周志航	李雨薇
邱宇晨浩	沙桉琪

微客设计机构
www.nanoin.cn

心冥想
www.shinemeditation.cn

作者简历
AUTHOR RESUME

高凤麟，设计学博士，意大利米兰理工大学访问学者，微客设计机构（Nanoin Design）创始人兼首席设计师。2006年至今执教于中国美术学院，现为中国美术学院工业设计系副教授。在其博士研究中首次提出微设计理念，并以其思维方法指导设计实践。曾在2014年受邀于TEDx演讲，2017年获颁英国大本钟奖（神工奖）暨十大杰出华裔青年设计师奖，并被同时授予中英国际设计周"中英创意产业交流大使"称号，2019年受邀担任意大利A'设计奖评委。

其微设计作品获得包括德国红点设计至尊奖、德国iF设计奖、意大利A'设计奖铂金奖、德国通用设计奖、亚洲最具影响力设计奖银奖、中国好设计奖金奖、中国台湾金点设计奖在内的众多权威设计奖项。微客设计机构亦获评德国红点设计奖概念类全球排名第二的佳绩，其代表作品"冥想座具"受邀参展于各大国际展览，如米兰设计周、伦敦设计周、东京设计周、香港设计营商周及德国埃森红点博物馆、德国iF设计博物馆、意大利马尼亚尼菲洛尼宫、中国美术馆、西班牙马德里中国文化中心、尤伦斯当代艺术中心等，并被权威设计媒体 *Yanko Design* 评选为2018年度意大利A'设计奖"Top 10 Designs"。

作品被发表于《财经》、《青年时报》、《瑞丽家居》、《每日商报》、《都市周报》、《浙江日报》、《杭州日报》、*ERGONOMICS in PRODUCT DESIGN*（中国香港），以及 *INTERNI*（意大利）、*Core77*（美国）、*Yanko Design*（加拿大）、*surface asia*（美国）、《联合早报》（新加坡）、*AXIS*（日本）、*Fashion Times*（美国）、*Vida Simples*（巴西）、*Chois Gallery*（美国）、*ELLE Décor*（美国）、《英中时报》（英国）、每日邮报（英国）等国内外媒体。

获奖 | AWARDS

\<Meditation Seat\> (Bamboo / Leather) 冥想坐具 （竹编／皮革）

2013	*Red Dot Design Award* 红点设计奖
2016	*iF Design Award* iF 设计奖
2016	*Successful Design Award* 成功设计奖
2016	*Design for Asia Award (Silver Award)* 亚洲最具影响力设计奖（银奖）
2016	*China Good Award (Gold Award)* 中国好设计奖（金奖）
2018	*A'Design Award (Platinum Award)* A'设计奖（铂金奖）

\<Speed Guard\> 变色仪表盘

2012	*Red Dot Design Award (Best of the Best)* 红点设计奖（至尊奖）
2018	*A'Design Award* A'设计奖

\<Supporter\> 排便器具

2017	*Universal Design Award* 通用设计奖
2017	*Successful Design Award* 成功设计奖

\<Bump Menu\> 盲人菜单

2013	*Red Dot Design Award* 红点设计奖
2017	*Universal Design Award* 通用设计奖

\<Bevel Cup\> 倾斜杯

2012	*Red Dot Design Award* 红点设计奖
2015	*Golden Pin Design Award* 金点设计奖
2015	*Successful Design Award* 成功设计奖

\<Bevel Cup Package\> 倾斜杯包装

2015	*iF Design Award (Package)* iF 设计奖（包装类）
2015	*Golden Pin Design Award* 金点设计奖

\<Two-ply Tyre\> 双腔轮胎

2018	*A'Design Award (Silver Award)* A'设计奖（银奖）

\<Cube Sugar\> 方糖盒

2015	*Red Dot Design Award* 红点设计奖

\<Scotch Tape\> 透明胶带

2013	*Red Dot Design Award* 红点设计奖

\<Shower\> 淋浴器

2017	*Successful Design Award* 成功设计奖

2013	*Red Dot Design Award Ranking (Design Studios), No.2* 红点设计奖概念类全球排名第二位（机构排名）
2015	*Red Dot Design Award Ranking (Design Studios), No.3* 红点设计奖概念类全球排名第三位（机构排名）
2015	*China Top 10 Industrial Design Award* 中国工业设计十佳大奖
2017	*Art Big Ben Award (Ten Outstanding Chinese Young Designer Prize)* 英国大本钟奖（神工奖）暨十大杰出华裔青年设计师奖
2018	*Dragon Design Foundation Award, Top 10 Nomination Award* 光华龙腾奖中国设计业十大杰出青年提名奖